中华青少年科学文化博览丛书·科学技术卷 >>>

U0353247

图说电视的历史与未来 >>>

中华青少年科学文化博览丛书·科学技术卷

图说

电视的历史与未来

吉林出版集团有限责任公司 | 全国百佳图书出版单位

前言

今天，还有人不知道电视吗？

电视学作为一门独立的学科存在至今二十年不到。相较这二十年来电视实践和电视事业浪潮澎湃的发展，电视学虽然也发展得风生云起，体系不断完善，在电视基础理论的主干上逐层生长出新的枝和叶，从新闻学到艺术学再到传播学，新的方法就像养料一样不断被引进注入，但总的来说，电视系统的理论建设还显薄弱，它的方法和体系尚在完善中。

我们绝对无法否认，是电视改变了我们的生活。当我们坐在家里可以清楚地看到世界各地发生的奇闻异事，当我们躺在沙发上就能阅览当季最新款的服装……谁说不是电视让我们的生活更加便捷，一切更加快速！

有了电视，空空的屋里顿时有了生气；有了电视，家庭个人空间与公众领域互渗，仿佛立即与世界连在一起。毫无疑问，电视是我们的共享资源，共同谈资。

本书立足于专业视角，向读者展现了电视的内涵、发展、作用，以及目类繁多的电视节目，飞速发展的电视科技。希望读者在阅读本书的同时，能够从字里行间了解到更多有关电视和电视传播的知识。

目录

目录

第4章
话说中国电视从没有到繁荣

第5章
飞速发展中的电视科技更加智能化

第 **1** 章

今天的我们离不开电视
——认知电视

◎生活中不可或缺的电视
◎电视是当今的第一媒介
◎电视的科技基础
◎机械电视系统问世
◎电子电视系统的发明
◎电视事业的初创

第1章
今天的我们离不开电视
认知电视

一、生活中不可或缺的电视

英国罗杰·尔弗斯通在《电视与日常生活》中说："我们要把看电视看作是一种心理形式、社会形式和文化形式；同时，它也是一种经济形式和政治形式。我们不要只把媒介理解为影响之源，它既不是简单的有益，也不只是有害。我们应该把电视嵌入日常生活的多重话语中。"这几句话精辟地概括了看电视的多种角度。

看电视

看电视已经成为我们日常生活的重要部分。对许多人来说，每天看几个小时电视是常事，看电视已经和上班、睡眠同列为人生耗时的三件事。打开电视，看最新最快的新闻，与世界同步；打开电视，看戏剧人生，娱乐生活；打开电视，获取知识资讯，了解市场行情……下班回家，随手打开电视已经成了许多人的习惯，时而凝神观看，时而心不在焉；有时不听也不看，电视机开着只是作为背景存在。电视每天与我们相伴，成了我们忠实的伴侣；有了电视，空空的屋里顿时有了生气；有了电视，家庭个人空间与公众领域互渗，仿佛立即与世界连在一起。电视成了我们的共享资源，共同谈资，谈论电视节目和电视剧中的人物成为人们日常社会交往中固定而必然的话题。中央电视台的《春节联欢晚会》已经成了亿万中国人过春节的年夜"主餐"。电视对我们日常生活的渗透无

生活与电视

处不在，看电视成了我们度过闲暇时光的主要生活方式。

电视引领消费时尚和消费潮流，它有意无意地决定我们的购买活动，这一典型的"注意力经济"紧紧抓住我们的注意力，深刻影响我们的消费意向。

电视不仅是商家广告商的领地，也是一个政治的大舞台。电视参与政治活动，加速政治民主化进程。1960年，美国总统选举，电视助约翰·F.肯尼迪一臂之力，出人意料击败势头强劲的尼克松，当选美国总统，自此后历届美国总统候选人都不会小觑电视，可能都会重视电视顾问的意见。小布什和克里的

三轮电视辩论犹在眼前。CCTV-1的《焦点访谈》发挥媒介的政治舆论监督作用，伸张正义。

电视的出现，同步地球卫星的传送，使地球成了一个村落。全球电视网的建立使人类文化交流异常迅速广泛，世界就在尺幅之间，天下大事一览无余，人类变得更加相互了解和相互依赖。电视通过提供巨大的信息，对人们的生活产生了不可估量的影响。正如电灯曾经彻底改变了我们的工作和休闲方式一样，电视也重塑了当今世界社会运行的方式。

知识卡片 /// 中枢神经

中枢神经系统是神经系统的主要部分。其位置常在人体的中轴，由明显的脑神经节、神经索或脑和脊髓以及它们之间的连接成分组成。在中枢神经系统内大量神经细胞聚集在一起，有机地构成网络或回路。

大脑

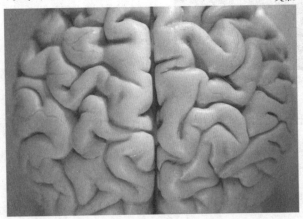

地球卫星

第1章
**今天的我们离不开电视
认知电视**

二、电视是当今的
第一媒介

　　20世纪最重大的事件之一，就是电视媒介的出现和发展。早在20世纪60年代中期，德国社会学家W．格林斯就把电视与原子能、宇宙空间技术的发明并称为"人类历史上具有划时代意义的三件大事"，认为电视是"震撼现代社会的三大力量之一"。

看电视有娱乐效果

电视台的现场录制

电视属于大众传播系列，与其家族成员相比较，电视又有自己的独特优势。在电视出现之前，从来没有任何一种媒介拥有如此多的观众和普遍的影响。电视传播速度之快，范围之广，信息量之大，受众之多，是前所未有的；并且电视声像兼备及其"百闻不如一见"的传播优势，使它在与报纸、广播等大众传播媒介的竞争中具有独特的魅力，备受人们的青睐。主要有以下几点原因。

首先，科技进步的强大支持。电视传播的产生、发展总是依赖于电子科技进步。电视技术的发展经历了由黑白到彩色，由电子管到集成电路，由模拟技术到数字技术，由地面广播传输到空中卫星传送，由近距离覆盖到全球覆盖，由单向传输到双向、多向传输的多次飞跃。电视摄录、制作、传播工具陆续的变更，不断为电视工作者开拓出新的领域，提供新的制作手段。

电视

1956年美国安培电器公司推出第一台录像机，1962—1964年，定点同步通讯卫星由实验到正式使用，1968年便携式电子新闻采集系统－ENG摄录体设备的问世，1970年以后各种特技编辑机的运用，以及随后的数字技术的广泛运用等，都使电视传播如虎添翼。

电视技术的重大突破，不仅改变了电视传输、覆盖与接受的方式，同时，在短短几十年间形成了全球化、立体化、强渗透力的传播网络。除此之外，高科技也给电视节目的制作提供了许多新的表现手法，从而不断开拓、丰富电视节目形态。

早期的黑白电视

其次，电视传播具有兼容性和综合性。从传播符号上看，电视是视听觉手段一体，通过影像、画面、声音、字幕以及特技等多方面的传递信息，给人们带来强烈的现场感、目击感和冲击力；从传播内容上看，电视可以汇总各种大众传媒新近传播的重要、精彩的报道和言论，增加信息量，形成要闻总汇的权威，又可汇总各类艺术领域中多姿多彩的作品，用电视化的手段或者用专业化的频道进行呈现和改造，提供多样化的

卫星信号接收塔

审美和娱乐；从传播手段和技巧上看，电视又可借鉴各种艺术门类和其他大众传播的形式、经验和技巧，丰富电视节目的表现手段。

精彩纷呈的体育节目

知识卡片　审美

　　审美是人类掌握世界的一种特殊形式，指人与世界（社会和自然）形成一种无功利的、形象的和情感的关系状态。审美是在理智与情感、主观与客观的具体统一上追求真理、追求发展，背离真理与发展的审美，是不会得到社会长久普遍赞美的。

人们通过各种艺术形式提高审美

三、电视的科技基础

第1章
今天的我们离不开电视
认知电视

　　"电视是一个离不开技术的媒体。技术是电视存在的前提，更影响了传播的内容质量和方式。

远距离声音传播

　　有线电话发明。1844年5月24日，美国人塞缪斯?莫尔斯用电码从华盛顿特区向马里兰州巴尔的摩传送了一句话："上帝究竟创造了什么？"相距20英里两地之间通过架起的铜线实现了声音传播，虽然距离不算长，但从此开始了现代通讯的新纪元，1876年贝尔发明了有线电话。

早期的有线电话

　　无线电报的发明。1864年，苏格兰人马杰姆斯·克拉克·克斯韦尔提出了电磁波存在的理论，1888年德国人海因里希·赫兹在实验室里证明了电磁波的存在（电磁波振动的频率是以"赫兹"命名的），我们今天叫它无线电波。意大利人古力英·马可尼自己制作了一套产生无线电波的装置，1895年成功地发出了无线电报，激起了人们对无线电前途的极大热情。

无线电报

无线广播的发明。1904年，英国物理学家J·安布罗斯·弗莱明发明了电子管。1906年，美国人R.A.弗森顿将弗莱明的二极管改进为三极管。当年圣诞夜，R.A.弗森顿在他的马萨诸塞实验电台第一次作了试验性的无线电广播，行驶在大西洋上的轮船报务员从无线广播中接收到了R.A.弗森顿从美国马萨诸塞州发出的诗歌朗诵、小提琴演奏和圣诞祝词，人类的无线电传声广播开始。

1920年11月2日，美国匹兹堡一家电器公司自办无线广播电台——"KDKA"，（当时恰巧哈登击败对手当选美国总统，这成了这家商用电台

第一条发布的消息，当时的听众估计为2000人）它标志着无线电广播的正式面世。1922年底，美国已有500多家广播电台开始播音，家庭收音机售出达200万台之多。到1930年，世界50多个国家和地区都有了广播电台。

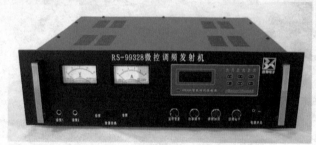

无线广播调频发射机

1935年，E．A．阿姆斯特朗发明了一种不受雷电干扰的无线电广播——调频广播（FM），它也可用来发射电视信号。

远距离图像传播

1817年，瑞典科学家布尔兹列斯发现了化学元素——硒。这种元素受到光照后，会发射出电子。

1873年，英国梅尔等人发现硒是一种光电体。其所产生的电流的能力，随光的照射强度而改变，光电效应的发现从理论上奠定了电传图像的基础。同一时期，一位法国的电气工程师布列兰发明了电子扫描原理。

1884年，德国电气工程师保罗?尼普柯夫发明了机械电视扫描盘，用"尼普柯夫圆盘"的机械扫描方法，作了首次发射图像的实验，他试验把发射的图像分散成许多的小分子，通过电传，从甲地传到乙地，乙地又把这些小分子接收后再进行组合，恢复还原成甲地发射出的图像。实验成功后，保罗·尼普可夫把他的这项发明申报给柏林皇家专利局。这是电视发展中十分重要的一步。1年后，专利被批准了。这成为世界电视史上的第一个专利。

1888年，对电视至关重要的光电池问世，奠定了电传画面的基础。

1907年，俄罗斯彼得堡工艺大学B．A．罗律格教授得到了设计第一台电子显象的电视接收机的特许权，在1911年制成了利用电子射束管的电视实用模型，并用它显示出了第一幅简单的电视图像。

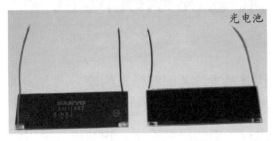

光电池

1923年3月，美国人坚肯斯用无线电从华盛顿向费城传送静止图像成功。从此便正式进入了电视的发明和研制时期。可是最简单最原始的机械电视，是在若干年以后才出现的。

电视概念的提出

1877年，法国律师赛列克利用前人的成果，构想出了最初的电视发射器，并成为世界上第一个正式提出"电视"这个概念的人。1900年，波科依在巴黎举行的世界博览会上首次使用了"television"这个"电视"的英文名称。"TV"（电视）是前缀Tele和Vision组成的复合词。就Tele这个前缀来说，是"遥远"和"末端"的意思。词干Vision是"视力"、"视觉"的意思。因此，Television的含意是"遥远之地也能看得见的图像"。与原来希腊文Tele和拉丁文Vision组成的"远距离传送画面"的意思是十分相近的。

知识卡片

收音机

收音机，由机械器件、电子器件、磁铁等构造而成，用电能将电波信号转换并能收听广播电台发射音频信号的一种机器。

收音机

第1章
今天的我们离不开电视
认知电视

四、机械电视系统问世

怀着对发明电视的极大兴致和执著追求，英国科学家约翰·洛吉·贝尔德利用德国科学家保罗·尼普柯夫发明的机械扫描罗盘（尼普科夫转盘）不断地进行图像传送探索，并着手进行了新的研究工作。1924年，采用两个尼普可夫圆盘首次在相距4英尺远的地方传送了一个十字剪影画，成功地进行了发射和接收电视画面的实验。随着技术和设备的不断改进，贝尔德电视的传送距离有了较大的改进，电视效果也越来越好，1925年10月2日的实验，已经能把一个人的脸部清晰地显现了出来，这个被显现的人就是英国15岁的店堂服务员威廉·台英顿，他有幸成为电视在试验阶段第一个上了电视的人。

约翰·吉·贝尔德

贝尔德制造出的机械扫描式电视摄像机和接收机在当时画面分辨率仅30行线，扫描器每秒只能5次扫过扫描区，画面本身仅2英寸高，一英寸宽。1926年，贝尔德又在英国皇家学会不断推出引起轰动的电视画面传送表演，他的名声和反响也越来越大，后来"贝尔德电视发展公司"成立了。贝尔德成了机械电视的一个重要的发明人，并由此被后人（英国人）誉为"电视之父"。

机械扫描式电视摄像机

　　几乎就在同时，德国科学家卡罗鲁斯也在电视研制方面做出了令人瞩目的成就。1942年，卡罗鲁斯小组（包括两名科学家、一名机械师和一名木工）造出一台设备。这台设备用两个直径为1米的尼普可夫圆盘作为发射和接收信号的两端，每个圆盘上有48个1.5毫米的小孔，能够扫描48行，用一个同步马达把两个圆盘连接起来，每秒钟同步转动10幅画面，图像投射到另一台接收机上。他们称这台机器为大电视。这台大电视的效果比贝尔德的电视要清晰许多。但是，他们从未进行过公开表演，因而他们的发明鲜为人知。不同国度的科学家几乎同时做出了类似发明，这充分说明了机械电视的发明是不依人的意志为转移的，它是人类在自然界面前拥有创造力的一个见证。

　　1928年，"第五届德国广播博览会"在柏林隆重开幕了。在这盛况空前的展示会中，最引人注目的新发明是电视机，"电视机"第一次作为公开产品展出了。从此，人们的生活进入了一个神奇的世界。然而，不能否认，有线的机械电视传播的距离和范围非常有限，图像也相当粗糙，简直无法再现精细的画面。因为只有几分之一的光线能透过尼普可夫圆盘的孔洞，要想提高图像细部的清晰度，必须增加孔洞数目，但是，孔洞变小，能透过来的光线也微乎其微，为得到理想

现在的电子电视

的光线，就必须增大孔洞，那样，画面将十分粗糙，图像也必将模糊不清。机械电视的这一致命弱点困扰着人们。人们试图寻找一种能同时提高电视的灵敏度和清晰度的新方法，于是电子电视应运而生。

知识卡片 /// 创造力

　　创造力，是人类特有的一种综合性本领。一个人是否具有创造力，是一流人才和三流人才的分水岭。它是知识、智力、能力及优良的个性品质等复杂多因素综合优化构成的。创造力是指产生新思想，发现和创造新事物的能力。它是成功地完成某种创造性活动所必需的心理品质。

人类的创造力

五、电子电视系统的发明

0世纪初，随着电子技术的发展，便进入到了机械电视和电子电视相互推进的试验阶段，电子电视很快地取代了机械电视系统。电子电视大幅度提高了画面的清晰度和远距离传播能力。我们从下面的史实可以窥见当时发明层出不穷的盛况。

1897年，德国的物理学家布劳恩发明了一种带荧光屏的阴极射线管。当电子束撞击时，荧光屏上会发出亮光。当时布劳恩的助手曾提出用这种管子做电视的接收管，固执的布劳恩却认为这是不可能的。1906年，布劳恩的两位执著的助手真的用这种阴极射线管制造了第一台电子电视图像

电子电视

接受机，进行图像重现。不过，他们的这种装置重现的是静止画面，应该算是传真系统而不是电视系统。1907年，俄国著名的发明家罗辛也曾尝试把布劳恩管应用在电视中。他提出一种用尼普可夫圆盘进行远距离扫描，用阴极射线管进行接收的远距离电视系统。1911年英国电气工程师坎贝尔·温斯顿在就任伦敦学会主席的就职演说中，曾提出一种令人不可思议的设想，他提出了一种现在所谓的摄像管的改进装置，他甚至在一次的讲演中几乎完美无缺地描述了今天的电视技术。可是在当时，由于缺乏放大器，以及存在其他一些技术限制，这个完美的设想没有实现。

1908年，英国肯培尔·斯文顿、俄国罗申克无提出电子扫描原理，奠定了近代电技术的理论基础。1932年，英国科学家休恩伯格发明了电子电视摄像管。1921年，年仅15岁的美国男孩P．T．法恩沃斯向老师展示了他的电子电视系统草图，9年以后，他取得了电子电视装置的专利。

弗拉迪米尔·兹沃尔金

开辟了电子电视的时代应该属于弗拉迪米尔·兹沃尔金。被尊称为现代电视之父的兹沃尔金曾经是俄国圣彼德堡技术研究所的电气工程师。早在1912年，他就开始研究电子摄像技术。1919年兹沃雷金迁居美国，进入威斯汀豪森电气公司工作。他仍然不懈地进行电子电视的研究。1923年，兹沃尔金发明了电子电视摄像管，每秒可以映出25幅图像的电子管电视装置。兹沃尔金的电视光电摄像管是一个阴极管，其中，图像由一个透镜聚焦在排列着的按顺序激活的光电管上，对于接收到的光，光电管会按比例产生电流。到此，对电脉冲图像的改造就全部完成了。兹沃尔金还完成了显像管的设计，并在1931年研究成功电视显像管。通过显像管，电脉冲被重新变成图像，原理是用电子去轰击一系列感光元素，这些元素可以在足够长的时间内（1/30秒）发光，直到人的眼睛感觉到一个完整的镜头画面。兹沃尔金能够以电子的方法"探察"到图像，这与尼普科夫设计的系统中的机械原理是一样的。1924年兹沃尔金的研究成果——电子电视模型出现。

兹沃尔金和电子电视摄像管

兹沃尔金发明的重要性立即被美国无线电公司的总裁大卫·沙诺夫看中，他安装了第一台现代化的电视，并同时在纽约举行了庆祝仪式，试验性地播放了关于意大利拳击运动员普里莫·卡尔内拉的电视节目，使这位运动员因此成为电视史上的第一个明星。卡尔内拉进行的这项实验是对一个完整的光电摄像管系统的实地试验。在这次实验中，一个由240条扫描线组成的图像被传送给4英里以外的一架电视机，再用镜子把9英寸显像管的图像反射到电视机前，完成了使电视摄像与显像完全电子化的过程。对电视进行所有实验和改造并使其成为我们今天所看到的样子。1935年，美国BCA实验室展示了电子电视，宣告电子电视时代的来临。

1946年电子扫描电视推广，标志着电子电视迈上了新台阶。自从全电子电视出现以来，电视家族迅速兴旺发达起来。电视机的数量急剧增长，电视机的形状变得五花八门，电视机的功能也越来越全面。可以毫不夸张地说，令人目眩的新型电视机正以铺天盖地之势源源不断地涌向人们的生活。

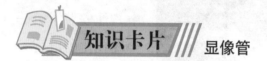

知识卡片 // 显像管

显像管是一种电子（阴极）射线管，是电视接收机监视器重现图像的关键器显像管剖视图件。它的主要作用是将发送端（电视台）摄像机摄取转换的电信号（图像信号）在接收端以亮度变化的形式重现在荧光屏上。

显像管

六、电视事业的初创

第1章
今天的我们离不开电视
认知电视

　　许多国家在20世纪20年代末到30年代初，相继进行了一系列的试验型电视播放。美国是1927年，英国是1929年，苏联是1931年，法国是1932年，德国是1935年，日本是1939年。但是，电视实验阶段在英国进展较快。

　　1930年，英国广播公司（BBC）在贝尔德的指导下，将声音与图像作了合并播送的实验，成功播出世界上第一个声图并茂的电视节目——舞

中国第一台电视

台剧《口含一朵鲜花的勇士》。1931年首次把影片搬上电视屏幕。人们在伦敦通过电视欣赏了英国著名的地方赛马会实况转播。第一座公共电视台正式开播时，设备基本上是贝尔德发明的机械电视系统，然而仅仅四个月后，贝尔德的机械电视系统便被迫停止使用，代替的是完全电子系统的新设备。随着电子技术在电视上的应用，电视开始走出实验室，进入公众生活之中，成为真

正的信息传播媒介。

　　1936年电视业获得了重大发展。这一年的5月，已经放弃了贝尔德系统的英国BBC广播公司开始使用由马尔科尼—艾米公司设计的电子设备，同时每天进行一个半小时的节目播放，但不是连续的。11月2日，英国广播

公司在伦敦郊外的亚历山大宫，播出了一场颇具规模的歌舞节目。这是BBC正式进行电视播放，第一次播出了具有较高清晰度的步入实用阶段的电视图像。这次播放是在亚历山大宫刚建成的世界第一座电视台进行的。在该台周围28公里范围内，都可以收到清晰的图像。于是，这一天便被公认为世界电视的诞生日。BBC也被认为是世界上第一个电视台。这台完全用电子电视系统播放的节目，场面壮观，气势宏大，给人们留下了深刻的印象。演员为庆祝电视诞生唱出一首《电视之歌》：

这奇妙神秘的光束，

是关于我们的故事。

这里的声音和图像从空间传向你，

带给你一片惊喜和新奇……

亚历山大宫

1937年，英国人通过直播国王乔治六世的加冕仪式，在人类电视发展史上树立了在电视直播方面的一个里程碑，到了1939年，英国大约有2万个家庭拥有电视机。

1936年，德国博斯（Bosch）公司建造了第一个真正的电视转播室，通过它转播柏林奥林匹克运动会，这在人类历史上也是第一次。转播室中有3台电视摄像机，导演将其所拍摄的图像进行混合

电视转播室

播出。1937年，在德国柏林举行的奥林匹克运动会的报道，更是年轻的电视事业的一次大亮相。当时一共使用了4台摄像机拍摄比赛情况。其中最引人注目的要算佐尔金发明的全电子摄像机。这台机器体积庞大，它的一个1.6米焦距的镜头就重45千克，长2.2米，被人们戏称为电视大炮。这4台摄像机的图像信号通过电缆传送到帝国邮政中心的演播室，在那里图像信号经过混合后，通过电视塔被发射出去。柏林奥运会期间，每天用电视播出长达8小时的比赛实况，共有16万多人通过电视观看了奥运会的比赛。那时许多人挤在小小的电视屏幕前，兴奋地观看一场场激动人心的比赛的动人情景，使人们更加确信：电视业是一项大有前途的事业，电视正在成为人们生活中的一员。

与此同时，美国贝尔电话实验室在纽约和华盛顿之间使用有线方式传送电视节目，播出了当时的联邦商业部长赫伯特·胡佛的演说。1939年美国无线电公司的电视也在纽约世博会上首次露面，吸引了成千上万好奇的观众。同年4月30日，美国总统罗斯福主持纽约国际博览会的开幕仪式进行了电视直播，并同时在美国开始了固定的电视节目播放，在当时可以接收电视节目的设备有1000个左右。

　　二战的爆发使得刚刚发展起来的电视事业几乎停滞了10年，极大地阻碍了电视的发展。然而，第二次世界大战的爆发中断了正在欧洲进行的电视领域的冒险运动，而美国则继续完善电视接收和发送系统，它是二战中惟一没有中断电视广播的国家，到1946年，它也只有战时保留下来的6家电视台和8000台电视接收机。从1949年到1951年短短3年来，美国不仅电视节目已在全国普遍播出，电视机的数目也从100万台跃升为1000多万台，成立了数百家电视台。一些幽默剧、轻歌舞、卡通片、娱乐节目和好莱坞电影常常在电视中播出。源源不断的电视节目的出现，促使公众抛弃了其他一些娱乐方式，足不出户，如醉如痴地坐在家里的电视机前，与荧屏中的故事同悲共喜，电视愈来愈成为人们生活中必不可少的部分。

　　第二次世界大战中，电视一度受到影响，然而战争结束以后，各国逐步恢复电视播出。1945年12月起，莫斯科电视中心在欧洲第一个恢复了定期的电视广播。随后，1946年，英国广播公司恢复了固定电视节目，德国

英国广播公司

在1952年、日本在1953年、意大利在1954年、法国在1955年或恢复或开始了正式的电视播送。到1950年时，电视台就增加到了104家，电视机增加到了1000万台。到此，世界的电视业便开始了新的起飞。

据统计，1955年已有20个国家兴办了电视，全世界已出现了6000家电视台，电视机总数达到4100万台。电视事业又蓬勃发展起来，并迅速进入较为繁荣时期。法国、荷兰、德国、比利时、波兰、意大利、墨西哥、古巴、阿根廷、委内瑞拉、加拿大、多米尼加、日本、菲律宾等国纷纷在1949–1953年之间建立了电视台。

知识卡片 /// 实验室

实验室即进行试验的场所，是科技的产出地，所以国家对试验室投入非常大。现如今很多大学的实验室都是老师与研究生日常工作研究的场所。

电视的发展
——艰辛的进程

◎磁带录像
◎黑白电视变彩色电视
◎卫星电视
◎电缆电视
◎数字电视

一、磁带录像

第2章
电视的发展
艰辛的进程

过去人们制作电视节目一般采用两种方式（关于这一点在第五章电视制作的"影片制作方式"和"录像制作方式"部分已作介绍）。一种是用电视胶片把节目拍摄下来，冲印，再通过电子扫描播出。采用这种方法的一个最大的缺陷，是无法进行电视节目的实况转播。另外一种是用摄像机直接把信号播出去。这虽然满足了那些希望目睹现场情景的观众的需要，但是它不能记录和重放，失去了作为资料的历史价值。直到1950年，电视节目都还只是被直接制作和播放，当时还不存在能够记录下画面的方法。这些电视制作方法无法克服的缺憾都因录像机的出现完全改变了状况。录像机的出现结束了原始直播的一次性问题，节目内容可以被记录、被重播，素材可以被复制重复使用。录像技术不仅使电视制作从局限于演播室走向演播室外的社会，而且使后来的电视形态发展成为可能。诸如栏目化和频道化的实现。

磁带录像机

第一位尝试录像的人是美国著名的歌星（兼电视节目主持人）宾·克劳斯比。1951年，他开发了第一台带有多轨磁头的录像机样机。这是一项不平凡的发明，但是要耗费大量磁带，过于复杂的构造也阻碍了这种产品进入市场并得以畅销。

1953年，美国加利福尼亚州的安培克斯公司迈出的具有决定性的一步，安培克斯公司制造出了第一台现代录像机，这种录像机拥有直到今日在各种专业和普通录像机中的基本革新技术。公司的负责人亚历山大·帕尼阿托夫运用了4个记录磁头，磁头在一个相对磁带来说呈斜向滑动的旋转鼓状物之上。将磁头旋转在磁带上斜向滑动的滑动速度与磁带本身的运动速度加起来，人们就能够把磁带的运动速度降低到原来的1/10。1956年金斯伯格和安德逊设计制作的电子录像机问世，使电视技术向前迈进了一大步，CBS首先使用录像技术。

新闻电视节目

1956年11月30日，安培克斯公司实现了第一次电视节目的录播："道格拉斯·爱德华兹新闻"节目。从此诞生了录播电视节目，结束了大多数演播室的直播节目。到60年代初，美国的大电视网几乎都是用磁带录像

用磁带录节目

机，表演这类节目不必与播出时间同步了。磁带录像的发明推广使电视节目的制作和节目来源发生了根本的变化，磁带录像的使用，大大缩短了胶片摄影的制作周期，突破了节目制作的时间和空间限制，标志着节目制作的革命性的开始。

录像技术不断发展，促使电视业不断进步。自从1/2带宽的家用录像机在1975年首批投放市场以后，家用录像事业以不可阻挡之势发展起来。有了录像机，人们可以更自由地随时随地观看自己喜欢的电视节目，而不再受制于电视台的时间表。人们有事外出而看不到想看的节目时，可以利用录像机的定时装置把它录下来供人们欣赏。当然，录像机也可用来存贮资料和指导学习。当人们有兴趣时，还可以用家用摄像机拍下自己外出旅游、生日宴会和家庭节日聚会的情景，留作未来的回忆。如今，"录像技术的微型化改变着电视的表述内容，同时也改变着电视获得事实的手段：微型化的秘录设备使《焦点访谈》的记者可以获得显性采访或者公开化采访所不能得到的新闻事实，从而使许多内幕和真相大白于天下。'秘拍'，或者叫做'隐性采访'，如今已成为最富表现力的电视手段之一"。特别是当今DV（Digital Video数码影像）的发明，使其产品从各个方面超越了传统的记录方式。DV

DV 数码摄像机

在影响并改变着观众对于传播的习惯，DV让大众和专业之间不再有那么清晰的界限。

录像带

知识卡片 /// 素材

素材指的是作者从现实生活中搜集到的、未经整理加工的、感性的、分散的原始材料。这些材料并不能都写入文章之中。但是，这种生活"素材"，如果经过作者的集中、提炼、加工和改造，并写入作品之后，即成为"题材"了。

现实生活中的素材

二、黑白电视变彩色电视

第2章
电视的发展
艰辛的进程

电子电视的第一代是黑白电视，黑白电视时期又被称为第一代电视时期。瑞士菲普发明第一台黑白电视投影机。1939年美国无线电公司开始播送全电子式黑白电视。我国在1958年9月2日，开始播送黑白电视，并建立了相应的电视工业。

黑白电视

从20年代到50年代，科学家和工程师们开始研究彩色电视。早在黑白电视机还没有实验成功之前就开始了对彩色电视的研究。1902年，奥地利物理学家劳·伯兰克率先提出了彩色电视的传送接收原理。1928年，贝尔德在利用保罗·尼普科的机械扫描盘做黑白电视传送实验时，同时也进行了彩色电视的实验，引起了科学家们对彩色电视研究的极大兴趣。从上世纪20年代开始，美国无线电公司、哥伦比亚广播公司以及彩色电视有限公司不惜花巨资展开了研制彩色电视的竞争。

彩色电视机的发射和接收系统首先

黑白电视机

由美国试制成功。1940年，美国古尔马研制出机电式彩色电视系统。1941年5月28日，CBS试播彩色电视；1954年，美国无线电公司所属的全国广播公司（NBC）正式播出彩色电视节目，美国成为世界上第一个开办彩色电视的国家。从此，开始了由黑白电视向彩色电视的过渡。1966年，美国无线电公司研制出集成电路电视机，3年后又生产出具有电子调制装置的彩色电视接收机。

世界上第一台彩色电视

进入60年代，日本、加拿大、法国、联邦德国、苏联、英国都相继播出了彩色电视。中国在1973年开始试播彩色电视。到1991年，全世界169个国家和地区中，有150个建立了电视台，其中142个播出彩色电视。彩色电视时期，又被称为"第二代电视时期"，全世界黑白电视向彩色电视的过渡时期是缓慢的。

"彩色电视的发射和接受过程，是把红、绿、蓝三种颜色转化成信号发射出去和接收过来的过程。把三种颜色分解成电信号的工作也叫做'编码'。编码是由电视发射机中心的编码器完成的。在彩色接收机里有一个和编码器相反的'解码器'，它能把接收下来的电信号分解成红、绿、蓝三种颜色的光束，经过扫描，打到荧光屏上以产生出赤、橙、黄、绿、青、蓝、紫以及各种不同的颜色来。"

彩色电视系统使画面还原成生活中的本色和多色彩，既增加了生活的逼真性，又增加了美感。

带来美感的首台彩色电视

现代彩色电视机带来的视觉享受

老式投影机

 知识卡片 //// **投影机**

所谓投影机又称投影仪，目前投影技术日新月异，随着科技的发展，投影行业也发展到了一个至高的领域。主要通过3M LCOS RGB三色投影光机和720P片解码技术，把传统庞大的投影机精巧化、便携化、微小化、娱乐化、实用化，使投影技术更加贴近生活和娱乐。

三、卫星电视

第2章 电视的发展 艰辛的进程

到了20世纪60年代中期，彩色电视首先在一些先进国家里取得了初步的普及，接着电视又跨进了一个卫星传播发展阶段。卫星电视大大缩短了全球的时空距离，最大限度地扩大了电视覆盖面。

卫星电视之前，电视播送使用的电波是微波，频率很高，在30兆赫以上。其性能是直线进行的，易受较高的障碍物阻碍，不能传送太远，当用微波技术进行远距离传送时，电视播出常常受地理和气候条件的影响。要想使电视进入一个新的阶段，就必须有新的传送工具。于是，在美、英等一些先进的电视大国又开始了电缆电视和卫星电视的建设和试制。这就极大地扩大了电视的传播能力，尤其是通讯、

卫星电视接收装置

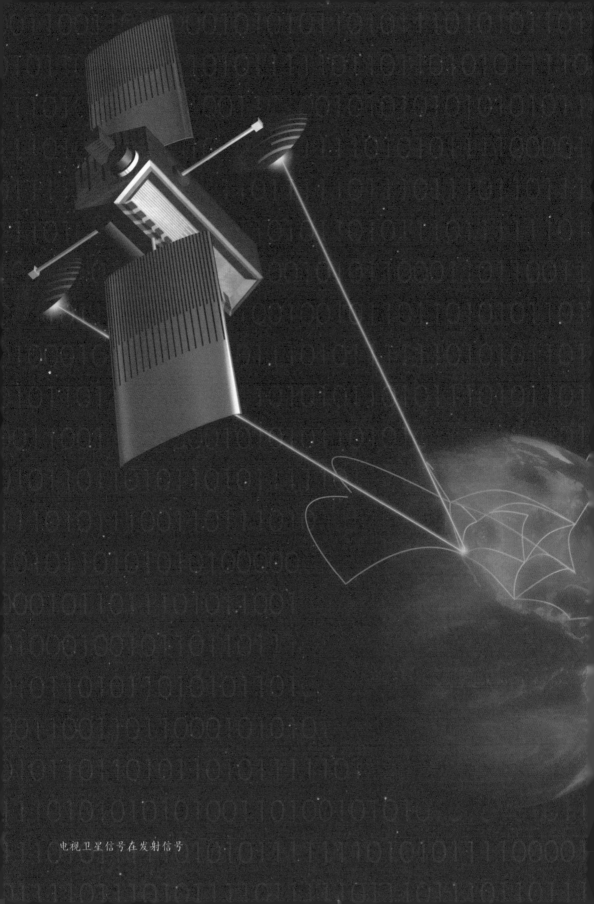

电视卫星信号在发射信号

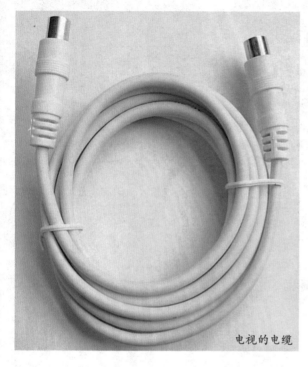

电视的电缆

电视卫星的发射成功，使全世界的观众能在同一时间看到同一节目。因此，有人说，有了卫星，地球变成了一个电视村。

一个电视卫星，其实就是一个悬挂在太空中的"中继转播站"。电视台把电视节目发送给卫星后，卫星又将其转送到各地面站。由于卫星是悬挂在高空的，它从上向下辐射，便不受地域遥远的影响和高山峻岭的阻碍。电视卫星与地球自转实践相吻合，因此又叫它"同步卫星"。一个卫星辐射回地面的电波可以覆盖大约占地球表面的42%，如果位置分布得当，三颗卫星就可覆盖地球上的所有地区。

60年代以后，各国利用通信卫星传送电视节目。世界上第一颗通讯卫星"信史-B"是美国于1960年10月4日发射成功的，它开创了卫星通讯的先河。1962年6月19日发射的"电星"一号，首次成功地转播了电视信号，将反映美国、加拿大等国城市居民生活的电视节目传送到欧洲，传送到大西洋彼岸。当时大概有1亿观众观看了这场历时22分钟的节目。1964年国际卫星通信组织成立，于4月6日发射了第一颗国际商用同步卫

电视卫星信号接收器

星"国际通信卫星1号",为北美和欧洲之间传送广播电视节目。一些专家指出,"国际通信卫星"1号标志着世界正式进入了卫星通信时代。苏联在1965年4月23日成功发射了"闪电一号"通讯卫星。随着"信史-B"及"电星"一号卫星成功升入太空,进入地球轨道,卫星通讯进入实用阶段。

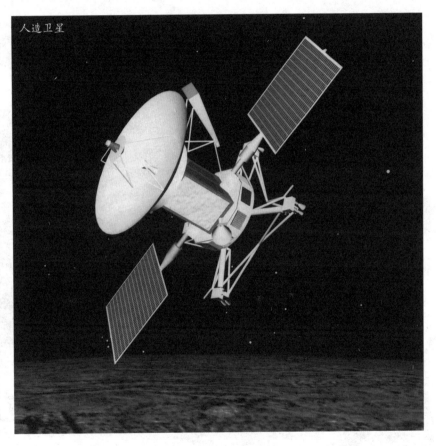

人造卫星

　　1969年7月20日,美国"阿波罗号"宇宙飞船登上月球。电视通过卫星转播了登月实况,阿姆斯特朗说:"对一个人来说,这只是一小步,但对人类来说,这却是伟大的一步。"这句话至今家喻户晓,当时全世界大约有47个国家和地区的7.23亿人观看了这次卫星电视转播。澳大利亚墨尔本电视台从

美国"阿波罗号"登上月球

7月15日到26日，一共播放了163个小时零18分钟的"阿波罗"登月节目，创下了至今仍是世界上播放时间最长的电视节目的记录。

从1965年到1980年，国际通信卫星组织共发射了5颗国际通信卫星，完全实现了全球通信。通信卫星的出现使电视的传播速度更快了。通过实况转播，各种世界性的体育盛会和重大科技信息，转眼之间传遍整个世界，电视传播的范围更广大。1982年有140多个国家的百余亿人次在电视中看到了世界杯足球赛的比赛实况，观看人数之多是前所未有的，电视传播的地域界限缩小了。可以毫不夸张地说，通信卫星加强了人们的社会交往和相互了解。

20世纪70年代末期出现了卫星直播电视。80

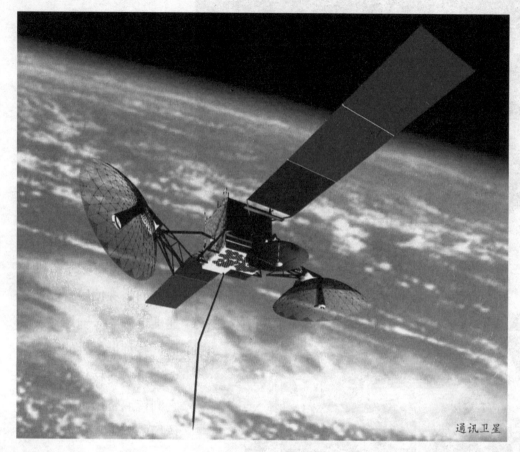

通讯卫星

年代初期，美国的卫星直播电视首先进入实用阶段。1983年11月5日，美国USCI公司首次开始卫星直播。以前的卫星传播，要经过地面的接收，再把信号通过无线电或电缆传送出去。卫星直播电视与此不同，只要在同户家中装备一个直径1米左右的小型抛物面天线和一个调谐器（用来对信号进行解码），就可以直接接收卫星的下行信号。这对偏远地区有很大的实用价值。它极大地扩展了新闻传播的能力，使国家之间、地区之间、洲与洲之间的节目交换和传播可以随时进行。

卫星电视的出现，在电视发展史以至人类发展史上具有划时代的意义。卫星电视使世界变成了一个村落，在很大程度上实现了麦克卢汉的"地球村"构想。在"地球村"里，人们可以实现真正意义上的"信息即时共享"，并对周围发生的重大事件形成全球性的关注。

从1984年起，中国也开始发射卫星，或租用国外卫星提高电视覆盖率。到1990年，中央电视台一、二套节目由国内卫星传送，教育电视台一、二套节目由租用的国际通信卫星传送。同年4月，中国还替亚洲通信卫星公司发射了"亚洲一号"卫星。1992年10月1月，中央电视台第四套节目通过"亚洲一号"卫星正式播出，节目可传送到港澳台地区。如今，全国除中央电视台外，有许多地方电视台的节目也上了卫星。

"亚洲一号"卫星的发射

电缆

知识卡片

电缆

电缆通常是由几根或几组导线每组至少两根绞合而成的类似绳索的电缆，每组导线之间相互绝缘，并常围绕着一根中心扭成，整个外面包有高度绝缘的覆盖层。

四、电缆电视

第2章
电视的发展
艰辛的进程

在建立国际卫星通讯系统的同时，电缆电视网也得到了相应的发展。电缆电视，也叫共用天线电视，是一套有线分配系统，由天线接收到的电视信号进行放大，分配并输送给各个电视接收机，有时我们也称为有线电视。它是由共用天线系统演变而来的，是一个相对独立的电视传播网络。

城市里高楼林立的地区，电视屏幕总有"雪花"或"横竖道"，使人们不能看清楚图像。解决这个问题的方法就是使用较好的接收天线，接收无线电视信号，再用有线方式同我们家庭里的电视机联结起来，形成一个电视网络。早在20世纪五六十年代，国外就进行了有线电视的试验。1979年，世上第一个"有线电视"在伦敦开通，它是英国邮政局发明的。它能将计算机里的信息通过普通电话线传送出去并显示在用户电视机屏幕上。发射了同步通信卫星以后，有线电视就可以通过卫星传送电视节目了，这就大大增加了传送的节目套数。为了看到这些电视节目，没有接收问题的家庭也

共用天线电视

科学家开始研究电缆电视，主要是为了解决山区、边远地区的电视接收问题。在这些地区，也包括

老旧的电视天线

申请加入有线电视网。到1980年，美国已有近1万个电缆电视系统，电缆电视用户近500万户，占家庭总数的52%。1991年海湾战争爆发，CNN（美国有线电视新闻广播网）的报道牵动了整个世界。当多国部队的第一颗炸弹落在伊拉克境内的同时，CNN的消息也传遍了世界各地。有线电视正在进入人们的日常生活之中，成为无线电视的强大竞争对手。

电视屏幕"雪花"

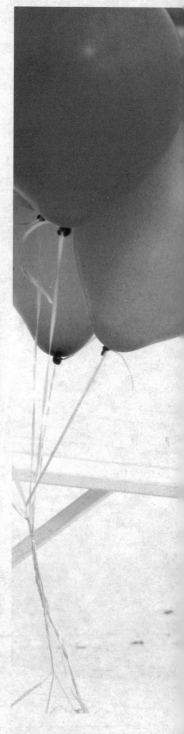

80年代中期，我国开始实验有线电视。到1992年的时候，我们还不太能接受这种收费的有线电视。那年的北京观众调查表明，据说近40%的观众表示，不愿意或不太愿意每月多花五六元钱看有线电视。但今天，我们已经看到，如果有条件的话，很多家庭都愿意加入有线电视网，到现在有线电视网的用户相当普及，目的当然是为了看到更多的、更好的电视节目。

有线电视受空中各种电波的干扰小，图像清晰度高；还具有频道的多选择性、信号的优质性、服务

有线电视播放效果

的多功能性和专业化节目设置等优点。有线电视迎合人们在电视中轻易地看到自己所喜爱的节目，有选择地收看某些节目的心理，一反过去电视节目大众化的做法，有线电视实行窄播传递，提供专门的娱乐节目频道、儿童节目频道、体育和新闻节目频道等满足部分观众的需要。

今天，电缆电视十分发达。电缆电视使群体收看向个体收看，广播向窄播转化，节目单调向丰富、自由选择转化。

发达的电缆电视

 有线电视网

有线电视网是高效廉价的综合网络，它具有频带宽，容量大，多功能、成本低、抗干扰能力强、支持多种业务连接千家万户的优势，它的发展为信息高速公路的发展奠定了基础。

第2章
电视的发展
艰辛的进程

五、数字电视

传统的电视是采用模拟的方式，处理、传输、接收和记录电视信号的。新兴的数字技术则把模拟电视信号转变为数字电视信号并进行处理、传输、接收和记录。数字技术能够大大压缩电视节目，能够大大提高信号传输的质量，图像清晰，音响效果好。

什么是数字电视？从外表看，数字电视有更大的屏幕、更清晰的图像和高质量的声音，而且特别薄，相当于现在电视的1/10，可以挂在墙上。数字电视的含义并不是指我们一般人家中的电视机，而是指电视信号的处理、传输、发射和接收过程中使用数字信号的电视系统或电视设备。

数字电视卫星

数字电视的基本原理和具体传输过程是：由电视台送出的图像及声音信号，经数字压缩和数字调制后，形成数字电视信号，经过卫星、地面无线广播或有线电缆等方式传送，由数字电视接收后，通过数字解调和数字视音频解码处理还原出原来的图像及声音。因为全过程均采用数字技术处理，因此，信号损失小，接收效果好。视音频信号数字化关键是数据压缩技术，实现数据压缩技术方法有两种：一是在信源编码过程中进行压缩，从进入家庭的DVD到卫星电视、广播电视微波传输都采用了这一标准。二是改进信道编码，发展新的数字调制技术，提高单位频宽数据传送速率。

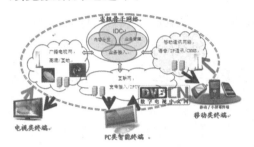

数字电视技术

数字电视收视效果好，图像清晰度高，音频质量高，抗干扰能力强，不易受外界的干扰的特点避免了串台、串音、噪声等现象。传输效率高，利用有线电视网中的模拟频道可以传送8-10套标准清晰度的数字电视节目，还可兼容现有模拟电视机，只要通过在普通电视机前加装数字机顶盒即可收到数字电视节目。

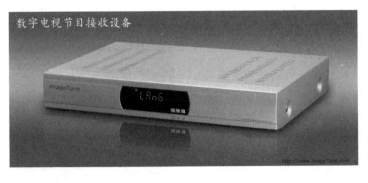

数字电视节目接收设备

数字电视赋予了电视许多全新的功能。数字电视也可以提供多种数据增值业务，包括数据传送、图文广播、上网服务等。用户能够使用电视现实股票交易、信息查询、网上冲浪等。由于数字电视采用了双向信息传输技术，增加了交互能力，使人们可以按照自己的需求获取各种网络服务。数字电视提供的最重要的服务就是视频点播，实现用户自己点播节目，有效地提高了节目的参与性、互动性、针对性。把电视从封闭的窗户变成了交流的窗口。

数字电视是电视发展史上又一次重大的革命性技术跨越，早在20世纪80年代中期，一些发达国家就着手开发、研制数字广播电视了。进入90年代以后，许多国家先后进行了数字广播和电视的实验。1992年欧洲成立了"数字电视发展组织"，起初的工作集中在地面电视，从1993年起转向卫星和有线电视。随着数字技术的应用，卫星电视、有线电视和地面电视领域都在加快实现数字化，电视发展跨入全数字电视系统新阶段。1995年，美国麻省理工学院媒体实验室主任尼葛洛庞帝推出著作《数字化生存》，从而在全球范围内掀起数字化浪潮。作为电子传播媒介的广播电视，很快便被卷入这一浪潮中。

1997年4月4日，美国联邦通讯委员会为四大电视公司（ABC、CBS、NBC与FOX）免费发放了数字电视的广播经营许可证。到2006年，美国全国将取消旧的电视系统，这就意味着美国现在的2.7亿台电视机8年之后将成为垃圾。

数字电视机顶盒

我国在什么时候能普及数字电视，这还是一个未知数。需要一段时间过渡，现采用一种接收装置——机顶盒，这种机顶盒既可接收旧的电视系统信号，也可接收数字电视的信号。西方国家早已十分普及，是建立在数字电视网络平台上的一种收看电视方式。在2003年9月1日，中央电视台首次试播《电视剧场》、《音乐时尚》等5个数字付费电视频道，宣告了我国全面推进有线电视数字化的开始；2004年被定位为"数字化、产业化"年，国家广电总局计划到2005年底，我国推出的付费电视频道扩大到80个，付费广播节目也增加到45套，涵盖娱乐、资讯、知识、服务、欣赏、教育等六大方面内容，而中国的数字电视用户数量将达到3000万。

知识卡片　音频

音频是个专业术语，人类能够听到的所有声音都称之为音频，它可能包括噪音等。声音被录制下来以后，无论是说话声、歌声、乐器都可以通过数字音乐软件处理，或是把它制作成CD，这时候所有的声音没有改变，因为CD本来就是音频文件的一种类型。

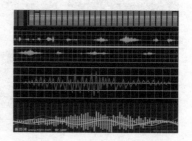

第**3**章

种类繁多的电视节目
——目不暇接的精神盛宴

◎中规中矩的电视新闻类节目
◎具有教育意义的社教类节目
◎电视文艺类节目
◎综合杂志类服务节目
◎专题类服务节目
◎电视娱乐类节目
◎电视节目功能间的互补

第3章
种类繁多的电视节目
目不暇接的精神盛宴

一、中规中矩的电视新闻类节目

电视新闻类节目，泛指一切综合反映新闻事实的节目和围绕新闻事实展开的一系列报道，是以报道、评论新闻事实为内容的各种电视节目的总称。电视新闻是以现代电子技术为传播手段，以声音、画面为传播符号，对新近或正在发生、发现的事实的报道。

消息类新闻

消息类新闻是电视新闻中存在的最大量的节目样式，因而往往被通称为电视新闻。消息是以简短篇幅报道新闻的一种体裁，它快捷、明晰、直观，是新闻报道的尖兵。消息的基本表现形式为演播室口头

电视新闻节目

播报与现场记者采访的新闻之间的有机组合。随着电视的发展，消息类新闻又增加了整点播报、滚动播出、随时插播最新消息等形式，与生活节奏有机地融为一体。如《新闻30分》时常会在新闻播出中直接插入正在进行的直播内容，比如对一些重要体育赛事报道时，及时插入比赛现场的直播内容，将大量鲜活的现场新闻奉献给观众。电视消息类新闻在传播速度上占有绝对优势。

体育赛事报道

新闻评论

新闻评论是电视台针对社会热点现象或思潮，根据新近发生的典型事实，所作的议论。节目的特点是把新闻的客观性和评论的说理性有机结合，具有鲜明的导向性。我国最具代表性的新闻评论就是中央电视台的《焦点访谈》。

《焦点访谈》

新闻专题

　　新闻专题是就某一新闻题材所作的深度报道，这种报道比较详尽且有深度，是对新近发生的重大事件的充分报道。其中又有系列报道和连续报道等样式。电视新闻界十分注意拓宽新闻专题报道的选题和选材，在保证新闻专题深度的同时，各种调查性、访谈性的报道形式不断推出。CBS在20世纪50年代收视率最高之一的《面对面》就是带有新闻性的人物访谈节目。在时效上，它和消息最为接近。中央电视台1996年开办的《新闻调查》栏目是这类节目的代表。

《新闻调查》节目

新闻杂志类

　　作为众多节目形态之一的新闻杂志型节目是世界各大电视台的重要节目类型。电视新闻杂志节目在西方电视界的起源可以追溯到1968年9月美国哥伦比亚广播公司（CBS）创办的颇有影响的杂志节目《六十分钟》。在我国，中央电视台在1993年5月1日创办《东方时空》，成为全国影响最大的新闻杂志类节目。之后，全国各家电视台纷纷开播了电视新闻杂志类节目。

　　电视新闻杂志栏目首要的和鲜明的特点就是"杂志性"的编排方式。杂志性的编排应该是依据一定的话题或线索对不同风格的节目进行编排的一种格式，是内容相对独立、形式各不相同的节目在主持人的串联下组成的一个节目群。这个节目群由内容的综合和形式的综合而最终实现传播功能的综合。这种编排方式意味着电视借鉴了杂志的详报性，有利于在深度上开掘；同时，固定时间、固定栏目的播出对培养相对稳定的观众群体功不可没，这样，节目和观众就朝着协调的良性方向发展。目前，电视新闻杂志逐步形成了相对固定的节目模式。新闻杂志型节目在崭新的节目形态层出不穷之日，仍能长盛不衰，不能不归功于它独具特色的传播规律。

现场直播

现场直播是最能发挥和展现电视传播优势的一种最迅速、最直接的新闻报道与播出方式。它调动一切手段，让观众及时、直接地接近信息源，并有一种逐渐推进的体验过

现场直播

程，随时将新闻事件的进程与人们共同分享，直播节目在各国的新闻节目中都占有相当大的比例。央视对第二次海湾战争的报道，充分利用图表、文字、分画面等形式结合现场情况给国内观众以第一时间的战况报道，使我们看到了现场直播的魅力。现场直播是电视新闻发展的最终趋势。现场直播是衡量一个电视台综合实力的重要标志之一。

知识卡片 选题

出版社（或期刊社）对于准备出版（或发表）的图书（或作品）的一种设想和构思，一般由书名、著译者和内容设想、读者对象以及字数等部分构成；它是编辑工作的基础，在中国，选题体现了党和政府的出版政策和直接贯彻出版社出书的策略和任务。

第3章
种类繁多的电视节目
目不暇接的精神盛宴

二、具有教育意义的社教类节目

电视社教类节目是充分发挥电视的传播功能，运用电视的技术和艺术手段，面向整个社会传播科学文化知识，进行社会教育的节目的总称。它以广泛的内容、多样的形式，针对不同年龄、不同职业、不同文化程度的电视观众深入浅出地普及和宣传理论、政策、法规、道德、科学、文化等方面的知识，以及进行系统的正规的学科教育和学校教育。

对象节目

社教类节目的一个重要分类就是节目按所对应的不同对象来划分，就是按照收视对象的年龄、性别、职业、行业来划分。例如，儿童节目、农民节目、妇女节目、老年人节目、军人节

儿童节目

目、法制节目等。对象节目以其接近性、交流性、参与性等特征打动观众，在观众中一直有较高的收视率。

以中央电视台为例，电视节目最早的对象节目是针对少年儿童的，如当年的《七巧板》、目前的《大风车》栏目。以军人为传播对象

《大风车》节目

的名牌栏目是1980年春节正式播出的《人民子弟兵》，还有为老年人服务的《夕阳红》及以台湾地区观众为重点收视对象的《天涯共此时》栏目等。

科教节目

国外科教节目

　　科教节目是科普节目和教育节目的总称。科教节目是利用电视手段以教学和讲座的形式向一定的对象传授系统的科学和知识的节目，内容具有较强的知识性、科学性和系统性，讲究知识的传授方式和具体的教学方法，一般是直接进行各种基础或专业的科学文化知识教育。

　　中央电视台开办的《科技博览》和《走进科学》等栏目，介绍当今世界的高新技术和我国科技领域的最新成就，深受电视观众的欢迎。

纪录片

电视纪录片是一种特定的题材和形式，它是对社会及自然事物进行记录，表现非虚构内容的电视节目种群。纪录片在事件发生发展过程中直接拍摄真人真事，不容许虚构事件。

电视纪录片的样式主要可分为纪实性、写意性、政论性等几种。国外的有《失落的文明》、《探索》、《天下》等。我国20世纪80年代以来，电视纪录片呈百花齐放的态势，一大批优秀作品问世，如《丝绸之路》、《话说长江》、《望长城》、《毛泽东》、《邓小平》等。另外，一批思想性和艺术性完美结合的佳作开始走向世界，如《沙与海》、《最后的山神》、《藏北人家》、《远在北京的家》、《龙脊》等，最为经典的是《生活空间》。这些纪录片几乎覆盖了纪实性、写意性、政论性所有样式，但在老百姓中影响最广泛的是《生活空间》。

知识卡片 收视率

收视率，指在某个时段收看某个电视节目的目标观众人数占总目标人群的比重，以百分比表示。

兰州地区主要频道节目收视排行 2009年5月份

名次	节目名称	播出频道	平均收视率%
1	新闻联播	中央电视台综合频道	36 64
2	天气预报	中央电视台综合频道	28 02
3	焦点访谈	中央电视台综合频道	19 71
4	365个祝福中央电视台心连心艺术团赴四川灾区慰问演出	中央电视台综合频道	13 81
5	光荣颂2009年五一国际劳动节文艺晚会	中央电视台综合频道	12 79
6	人民至上	中央电视台综合频道	12 49
7	四世同堂(4-36集)	中央电视台综合频道	9 34
8	保卫延安(1-23集)	中央电视台综合频道	6 87
9	新闻30分	中央电视台综合频道	5 48
10	我的校园我的家	中央电视台综合频道	5 25

南宁地区主要频道节目收视排行 2009年5月份

名次	节目名称	播出频道	平均收视率%
1	新闻联播	中央电视台综合频道	12 23
2	夜班1周	南宁电视台新闻综合频道	9 41
3	新闻夜班	南宁电视台新闻综合频道	9 28
4	天气预报	南宁电视台新闻综合频道	9 02
5	新闻在线	广西电视台都市频道	8 60
6	转播中央台新闻联播	南宁电视台新闻综合频道	7 57
7	王贵与安娜(1-32集)	南宁电视台新闻综合频道	6 53
8	单亲妈妈(20-26集)	南宁电视台新闻综合频道	6 48
9	春去春又回	广西电视台综艺频道	6 22
10	玫瑰制(1-23集)	南宁电视台新闻综合频道	5 58

银川地区主要频道节目收视排行 2009年5月份

名次	节目名称	播出频道	平均收视率%
1	新闻联播	中央电视台综合频道	36 53
2	天气预报	中央电视台综合频道	27 58
3	焦点访谈	中央电视台综合频道	20 82
4	保卫延安（1-23集）	中央电视台综合频道	13 58
5	光荣颂2009年五一国际劳动节文艺晚会	中央电视台综合频道	11 43
6	四世同堂（4-36集）	中央电视台综合频道	11 33
7	人民至上	中央电视台综合频道	10 98
8	365个祝福中央电视台心连心艺术团赴四川灾区慰问演出	中央电视台综合频道	9 37
9	新闻30分	中央电视台综合频道	8 47
10	动漫世界 花园宝宝	中央电视台少儿频道	5 97

乌鲁木齐地区主要频道节目收视排行 2009年5月份

名次	节目名称	播出频道	平均收视率%
1	新闻联播	中央电视台综合频道	18 02
2	天气预报	中央电视台综合频道	15 76
3	焦点访谈	中央电视台综合频道	12 56
4	365个祝福中央电视台心连心艺术团赴四川灾区慰问演出	中央电视台综合频道	7 82
5	四世同堂(4-36集)	中央电视台综合频道	7 45
6	人民至上	中央电视台综合频道	7 40
7	保卫延安(1-23集)	中央电视台综合频道	7 31
8	光荣颂2009年五一国际劳动节文艺晚会	中央电视台综合频道	6 96
9	快乐大本营	湖南电视台卫星频道	5 02
10	同一首歌	中央台三套	3 92

贵阳地区主要频道节目收视排行 2009年5月份

名次	节目名称	播出频道	平均收视率%
1	新闻联播	中央电视台综合频道	20 24
2	天气预报	中央电视台综合频道	13 69
3	2009中国贵阳避暑季开幕式大型文艺晚会	贵州卫视	12 78
4	百姓关注	贵阳电视台公共频道(二套)	11 01
5	我的丑娘（1-26集）	贵阳卫视	10 92
6	浣花洗剑录（1-28集）	贵阳卫视	9 44
7	焦点访谈	贵州卫视	9 25
8	5 12四川汶川地震1周年特别节目爱的记忆	贵州卫视	8 98
9	远大论坛	贵州卫视	8 21
10	贵州洞藏青酒今日往事	贵州卫视	7 50

呼和浩特地区主要频道节目收视排行 200年5月份

名次	节目名称	播出频道	平均收视率%
1	新闻联播	中央电视台综合频道	26 91
2	天气预报	中央电视台综合频道	19 23
3	焦点访谈	中央电视台综合频道	15 46
4	365个祝福中央电视台心连心艺术团赴四川灾区慰问演出	中央电视台综合频道	12 55
5	人民至上	中央电视台综合频道	10 98
6	保卫延安（1-23）	中央电视台综合频道	9 16
7	四世同堂（4-36）	中央电视台综合频道	9 06
8	光荣颂2009年五一国际劳动节文艺晚会	中央电视台综合频道	8 70
9	新闻天天看	内蒙古电视台新闻综合频道	6 48
10	新闻30分	中央电视台综合频道	5 75

海口地区主要频道节目收视排行 2009年5月份

名次	节目名称	播出频道	平均收视率%
1	直播海南	海南电视台综合频道	13 47
2	守子战争(8-25集)	海南电视台综合频道	12 33
3	新闻联播	中央电视台综合频道	11 29
4	海南一家亲	海南电视台综合频道	10 72
5	一千滴眼泪(1-27集)	海南电视台综合频道	9 95
6	天气预报	中央电视台综合频道	8 86
7	天气预报	海南电视台综合频道	8 39
8	走进交行感受服务交通银行服务之星颁奖晚会	海南电视台综合频道	7 79
9	故事会	海南电视台综合频道	7 31
10	雪豹飞扬新声为梦想歌唱第二季爱口而出	海南电视台综合频道	7 07

部分电视台一段时间内的收视率

第3章
种类繁多的电视节目
目不暇接的精神盛宴

三、电视文艺类节目

电视文艺类节目涵盖了电视屏幕上的一切电视文学艺术样式。它主要是指运用艺术的审美思维，把握和表现客观世界，通过塑造鲜明的屏幕艺术形象，达到以情感人的目的，并给观众以艺术的审美享受。细分起来，电视文艺类节目可以分为文艺晚会，专题文艺，音乐电视，文学节目（包括电视小说、电视散文、电视诗、电视报告文学等），舞蹈节目，戏曲节目，杂技节目，曲艺竞技节目等。

国外音乐节目

为了研究的便利以及考虑到分类的可兼容性，我们将文艺节目分为文艺晚会、专题文艺、音乐电视、电视剧四种样式。

文艺晚会

文艺晚会一般是指在重大和重要的节日、假日期间，为营造欢乐的节日气氛、丰富观众的娱乐生活，特意组织的电视综合性文艺晚会。其主

戏曲电视节目

要特征是：采用电视的技术和艺术手段，将戏曲、音乐、舞蹈、曲艺、小品等文艺节目组织在一起，经串连，将文艺和娱乐融为一体。

我国电视文艺晚会的产生和发展有着一个历史的过程。起初，每逢盛大节日，电视台只为观众安排一些优秀的电视节目，后来，观众不再满足只看个别节目，希望将社会上分散的文艺节目组合起来，既有精彩节目又有节日气氛。在观众的推动下，电视文艺晚会的基本构架逐渐形成。随着广大电视工作者的不断实践，根据电视的特点又创作了一些文艺节目，将它们融汇为一个完整的艺术整体，这样，绚丽多彩的"电视文艺晚会"应运而生。

电视文艺晚会

中央电视台的春节晚会因其民族化、综合化和戏剧化，成了中国人民过春节的"新民俗"。目前电视上出现的文艺晚会形式，大体有"拼盘式"、"串联式"、"茶座式"、"报幕式"等，虽然受观众欢迎，但年年如此，一定程度上失去了新鲜感，晚会形式面临创新的问题。

古典音乐专题

《同一首歌》节目

专题文艺

为达到某一方面宣传教育的目的，突出某一鲜明、统一的主题，采取文艺演出的艺术形式或电视片的形式，运用电视传播手段，通过荧屏展示给观众，这一类节目称之为专题文艺，如《同一首歌》等。目前，专题文艺除了用晚会形式之外，更多的是用电视艺术片的创作手法。如奥斯卡电影颁奖晚会、西湖博览会文艺晚会《人间天堂》等。

音乐电视

音乐电视片段

音乐电视（也称MTV），是1981年8月1日美国开通的无线电视音乐频道。 MTV最初的含义是指一个高频率插播歌舞的节目。中国的音乐电视采用拿来主义，在与我国民族传统文化结合后，改良为一种推出音乐作品的重要手段和一种独特的节目样式。

国外电视剧剧照

电视剧

电视剧是指在演播室里或外景地演出的戏剧或故事片，经多机拍摄、镜头分切的艺术处理，通过电视屏幕传达给观众的特定的艺术样式。

知识卡片

京剧

戏剧

戏剧，指以语言、动作、舞蹈、音乐、木偶等形式达到叙事目的的舞台表演艺术的总称。文学上的戏剧概念是指为戏剧表演所创作的脚本，即剧本。

四、综合杂志类服务节目

第3章
种类繁多的电视节目
目不暇接的精神盛宴

　　综合杂志类服务节目主要是指那些针对受众日常生活的衣、食、住、行等方方面面或者其中几个方面制作而不特指某一类型的杂志类服务节目类型。它在所有服务节目中是产生最早的一类，针对各个具体方面的服务节目可以说都是从综合类节目中分化出去的。

　　综合杂志类服务节目包含内容繁多，通常节目被分成几个彼此有机结合的小板块。如《为你服务》现阶段栏目设置就包括了《健康新主张》、《火线答疑》、《生活智多星》、《律师出招》、《旅游风向标》几个板块。凤凰卫视的《完全时尚手册》栏目从周一到周五分别播出《天桥云裳》、《我的家》、《科技宽频》、《经典生

凤凰卫视

活》和《车元素》5个不同内容的子栏目。

　　目前国内的服务类节目呈现出单一主体的节目样式与多主题、杂志化的节目样式并存的状态。随着受众的逐步细分，各个电视台的服务类节目的题材也有越分越细的趋势，有些台还设立了服务频道，更是包含了各种题材的服务节目，但综合杂志类服务节目依然占据一定的比重。如中央电视台的《生活》、北京电视台生活频道的《7日7频道》及浙江电

中央电视台

视台原经济生活频道的《生活周刊》等。

国外的综合杂志类服务节目产生较早，发展也更加成熟。例如，美国的Fine Living、德国电视一台的《生活指南》、德国电视二台的《满满的罐子》等，节目内容上兼容并蓄，题材既有严肃的也有轻松的，节奏张弛有度。国外综合杂志类服务节目的专业频道发展也已经比较成熟，如澳大利亚的生活时尚频道是一个典型的生活类专业频道，内容涉及饮食、休闲、室内设计、健康常识等，满足各年龄段、各种工作的人们的需要。另外，美国的好生活电视网是服务婴儿潮时代出生的美国中年人的有线电视频道，为他们提供全天候的生活、娱乐、信息等内容。

国外旅游美食节目

 栏目

　　栏目是电视台每天播出的相对独立的信息单元，主要是单个节目的组合，是按照一定内容（如新闻、知识、文艺）编排布局的完整表现形式。

五、专题类服务节目

第3章
种类繁多的电视节目
目不暇接的精神盛宴

气象节目

电视气象节目是气象科学与电视制作技术、通讯传播技术等相结合的产物。它以电视媒介为载体，为大众提供日常生活所必需的气象信息。就电视气象节目的本身而言，它包括了服

气象节目

务性、科学性、可视化、新闻性、时效性的特征。

与发达国家相比，我国的电视气象节目起步较晚，直到1980年7月1

《天气预报》节目

日，国家气象局与中央电视台合作，才首次在《新闻联播》后加播《天气预报》节目。随着科学技术的发展，目前，气象节目已不仅仅停留在简单的提供气象信息的服务功能层面上，开始拓展成为在国家经济建设中展示主题形象、宣传投资环境和品牌战略的重要载体，成为了全国人民最为关注的电视节目之一。2002年

末，中央电视台联合省市电视台进行的每5年一次的《全国电视观众抽样调查》中，天气预报节目在收视率调查中位居榜首。

美食节目

美食节目就是围绕着饮食这一主题，介绍饮食文化、烹饪技法、饮食消费等相关内容或以饮食为情景衍生出来的各种节目。美食节目具有实用性、知识性、趣味性及地域性等特点。

早期的美食节目更像是烹饪教

《天天饮食》节目

学片，内容和表现手法都比较简单。随着技术的进步，人们物质及审美水平的不断提高，电视制作人制作理念的变化，美食节目已经从单一性走向多样性，从生活常识进步到文化内涵层次，表达方式也从沉闷刻板发展到生动活泼。如刘仪伟主持的《天天饮食》打破了以往美食节目的固有模式，一边做菜，一边和你聊天。

房产家居类服务节目

所谓房产家居类电视节目，实际上包含了两大方面的内容，即房地产和生活家居。房产方面包括房产和地产两部分，家居方面包含了城市和农村两大部分。房产节目主要包括楼盘推介、楼市信息、购房指南、相关政策法规介绍等，地产方面主要包括地产信息介绍、重大城建规划、地产界突发事件跟踪报道剖析及地产界精英人物访谈等。家居节目主要包括了居家装饰装修、家私信息等。

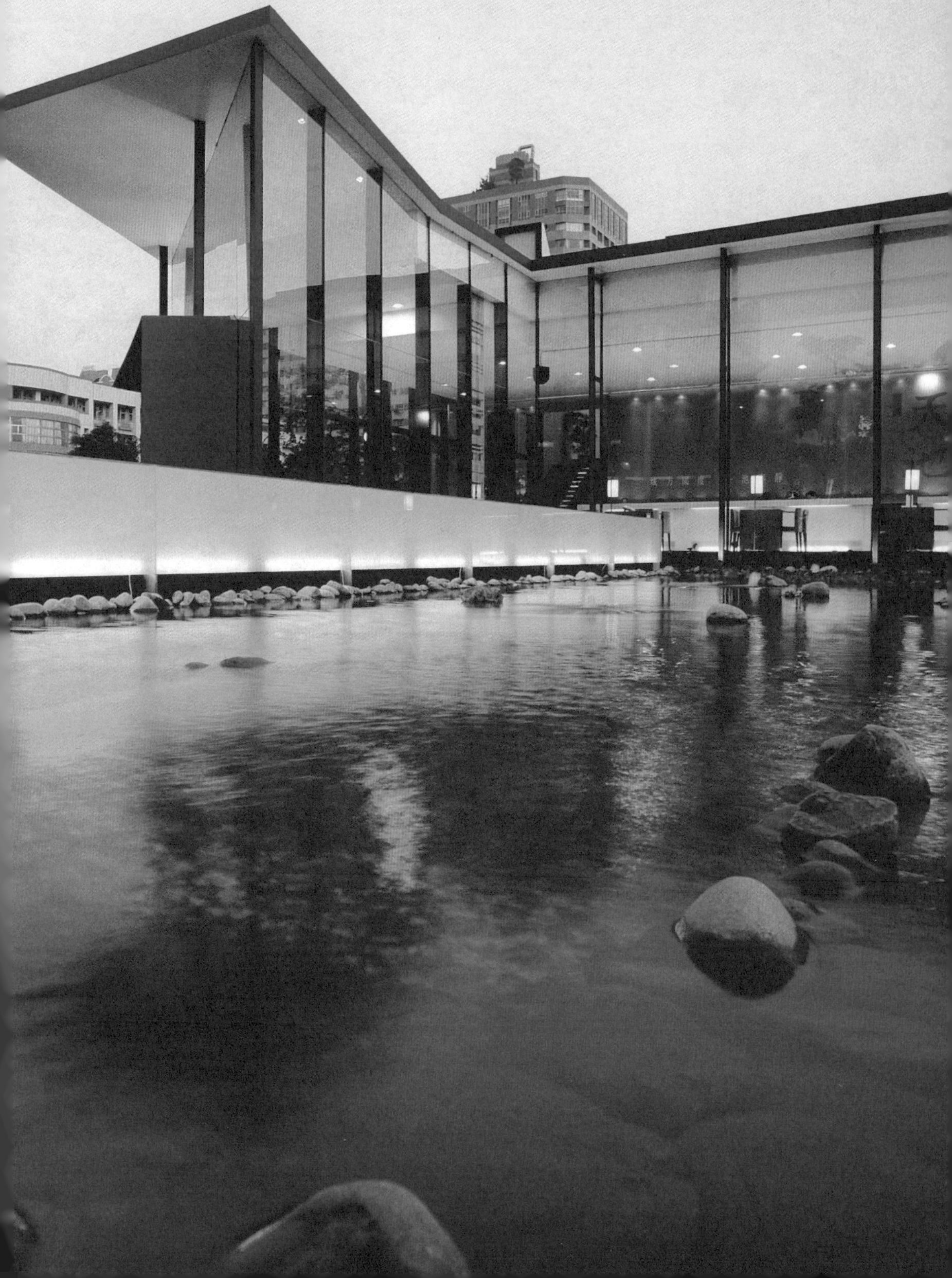

汽车类节目

汽车节目

《车行天下》节目

汽车节目是一种为消费者买车、用车提供全方面服务的电视节目，节目构成有杂志式、专题式和子栏目式等。随着社会的快速发展，汽车的保有量迅速递增，汽车节目出现了巨大的生存空间。正是在观众的热切关注和汽车厂商的积极支持下，汽车节目在国内一出现就取得了不俗的成绩。如东方卫视的《车世界》（涉足电视、广播、杂志、互联网等各媒体领域）、浙江电视台的《车行天下》等。国外著名的电视汽车节目有英国广播公司的TOP GEAR，它还有一个同名的杂志版本，两个不同性质的媒体交相辉映，共同打造出了世界上最受欢迎的汽车专业电视节目和汽车专业杂志。

旅游节目

旅游节目是指那些为人们休闲娱乐提供旅游信息与服务并能给人带来感官愉悦和刺激的节目。旅游节目。具有实用性、欣赏性、知识性及趣味性等特征。

我国的电视旅游节目经过了近30年的发展，无论是节目内容还是节目形式都有了很大的变化，有效地传播了各地文化，带动了经济发展。如海南卫视在全国第一个改版成专业频道，在2002年1月正式开播后，把旅游节目的规模化播出做到了极致。浙江电视台的《风雅钱塘》着重表现了某种人文的关怀。澳门卫视全频道旅游台——Voyages TV（旅游知性频道）借机进入内地市场。国外，泰国RNT电视台的一个24小时旅游电视频道正争取面向中国的播出权。

《风雅钱塘》节目

电视广告

应该说，电视广告是服务性节目，但它的特殊性有目共睹（电视广告同时也是一种新的电视艺术形式。详见第六章电视艺术）。电视广告是"由特定的出资者（广告商），通过付费的方式，委托广告代理公司创意制作，通过电视台播出，对商品、劳务或观念所作的非人员的介绍和推广"。

1979年1月28日，上海电视台播出参桂补酒的电视广告，揭开了我国电视广告发展史的序幕。同一天，上海电视台宣布，"即

电视广告

日起受理广告业务"。当年的3月15日，又播出了第一条外商电视广告"瑞士雷达表"。同年12月，中央电视台开办商业信息节目，开始集中播出国内外的商业广告。许多观众就是由广告的引导决定购买消费品的。

规模化

规模指事业、机构、工程、运动等所具有的格局、形式或范围。规模化指事物的规模大小达到了一定的标准，如规模化办学、规模化生产等。

规模化养鸡

六、电视娱乐类节目

第3章
种类繁多的电视节目
目不暇接的精神盛宴

娱乐是人的天性，传播的其中一大功能就是给人提供娱乐的机会，而电视的出现为娱乐节目的发展提供了一个最好的载体。"何谓电视娱乐节目？即通过一定的中介形式和大众参与，在相互交流中形成一种娱乐氛围的节目形态。"电视娱乐节目的出现是电视自身演变的必然。

娱乐节目发展到今天，拥有了众多样式，如游戏娱乐节目、"真人秀"娱乐节目、娱乐资讯和谈话节目、赛季节目等。

游戏娱乐节目（根据游戏的不同形式，我们将游戏娱乐节目分为益智游戏节目、综艺游戏节目和电子游戏节目三类）。

娱乐节目

国外益智游戏类节目

益智游戏节目是指普通百姓为得到某种物质奖励，在电视台制定的规则下，通过与主持人的问答，以赢取奖品的智力游戏节目。可以说，此类节目是由传统的知识竞赛发展而来的。国内比较有影响的益智类节目有央视的《幸运52》和《开心辞典》等；

国外最著名的当属1998年英国推出的《百万英镑》，目前，该节目的样式已在全世界一百多个国家和地区被拷贝。

《幸运52》节目

综艺游戏节目是指大众广泛参与的，以一定游戏规则为主导，综合多种艺术形式的电视娱乐节目。综艺游戏节目是从综艺节目发展而来的。随着观众参与和娱乐意识的不断增强，观众对综艺节目提出了既要好看又要好玩的要求。《非常6+1》、《欢乐总动员》及台湾的《周日八点档》是此类节目的代表。

电子游戏类节目，简单说，就是电视观众通过电话、短信或互联网的方式，参与到在电视上进行的实时电子游戏竞技的节目。换句话说，就是在电视平台上的电子游戏竞赛。随着数字电视的普及，电子

《非常6+1》节目

游戏类节目将有更大的发展空间。

"真人秀"娱乐节目

"真人秀"英文名为Reality Show。"'真人秀'娱乐节目是记录以普通人为主体的参与者在游戏规则制约下，在人为设定的场景和一个较长的周期内，完成某一目标或展现生活状态的真实过程的电视娱乐节目。"根据题材内容不同，目前"真人秀"节目可分生存冒险型和生活状态型

国外真人秀节目

两大类。2000年8月，央视《地球故事》引进美国版电视片《生存者》，中国观众在国内看到了第一档"真人秀"节目。同年，广东电视台推出了《生存大挑战》节目，首次尝试了"真人秀"节目的国产化。后来，CCTV--2又推出了《绝对挑战》、《激情创业》等节目，浙江卫视推出了《夺宝奇兵》，这些节目吸收了"真人秀"节目的理念和手法，走出了一条中国特色的"真人秀"节目创作道路。

娱乐资讯和谈话节目

娱乐资讯节目是融合了新闻性和娱乐性，以娱乐为内容的信息节目。随着生存方式和思维方式的转变，人们希望得到娱乐的信息以放松心情，同时也乐意将信息娱乐化，为生活增添乐趣。国内娱乐资讯节目的先河是光线传媒1999年7月1日开播的《中国娱乐报道》。

国外脱口秀节目

娱乐谈话类节目是电视谈话节目（Talk Show，或称"脱口秀"）的一种，它以谈话为载体，充分展现话语的幽默和情景的滑稽，营造轻松愉悦的收视氛围，这类节目具有娱乐的内容，或节目形式娱乐化。国内目前的代表节目有东方卫视的《东方夜谭》、凤凰卫视的《锵锵三人行》等。

赛季节目

赛季节目是指各种以电视节目的形式周期性地在电视中播出的大赛。虽然赛季节目的概念刚刚才被提出，但类似的电视节目我国在1984年就出现了，如当时的首届全国青年歌手大奖赛。赛季节目的特点是塑造平民偶像、观众的广泛参与、权威的评委、"真人秀"的元素和模式化的竞赛程序。

近年来，各种内容各异的电视大赛层出不穷。主持人大赛、选美大赛、烹饪大赛等等。国外最成功的赛季节目是美国的《美国偶像》。在国内，刚刚过去的湖南卫视2005年《超级女声》掀起了一股收视的狂潮，并成了一个令人瞩目的社会现象。湖南广电局局长魏文彬说，湖南卫视已由《快乐大本营》的明星娱乐大众时代，发展到以《超级女声》为代表的大众自娱自乐的时代。可见，赛季节目的魅力。

《美国偶像》

知识卡片 资讯

资讯是用户因为及时地获得它并利用它而能够在相对短的时间内给自己带来价值的信息，资讯有时效性和地域性，它必须被消费者利用；并且"提供－使用（阅读或利用）－反馈"之间能够形成一个长期稳定的CS链，具有这些特点才可以称之为资讯。

七、电视节目功能间的互补

如今媒介多元化业已形成，各媒体相互竞争，各施所长，已经出现媒体多元化功能互补的局面。同时电视方面集新闻、知识、娱乐、服务功能为一体的综合性节目样式成为一种趋势。

新闻与娱乐功能的统一

一直以来，人们总是认为，电视新闻只是对最近发生的事实的报道，而忽略了它的另一种作用，那就是它传递的知识性和趣味性。传授知识性、趣味性的功能和新闻信息传播功能并不矛盾。这些功能都是21世纪电视新闻的主功能。实现后一种功能，是电视新闻的本份。而传授新的知识，这是在知识经济时代对电视新闻的功能的一种拓展，一种延伸。众多电视媒体现在都在大家感兴趣的新闻中插播新闻背景，使电视新闻成为快速可视的"大百科全书"。"娱乐资讯化的节目融合了新闻性和娱乐性。信息和娱乐并不是水火不相容，随着生存方式和思维方式的转换，信息娱乐化的趋势会越来越鲜明。"

娱乐资讯节目

加拿大的《这一小时22分钟》是以黑色幽默而著名的"长青树"的节目。节目采用了大量的滑稽新闻模仿以及喜剧性的新闻速写，评论也比较尖刻，再加上喜剧天才进行表演，吸引了加拿大100多万观众。该节目曾经24次获得加拿大电视最高奖——双子座奖。这档节目主要通过画面的实际内容和旁白解读的巨大的反差来制造笑料。它的笑料既可以解释为纯粹的幽默，有的时候也可以解释为一定程度的讽刺。当文字和事件的性质形成一种巨大反差的时候，笑料就产生了。越是可笑的东西报道的时候就越是一本正经，这就是所谓的"冷幽默"。报道新闻热点，不管是很小的新闻还是新闻热点或者是社会现象，当你用完全不合常规的方式进行解读，喜剧效果就产生了。这个节目是用幽默来做新闻，为新闻节目如何娱乐化提供了新的思路。

当前，我国新闻娱乐化的现象日益显著，娱乐新闻在新闻报道中的比例加大，甚至严肃的新闻也开始试探用娱乐手法包装，如CCTV-2的《第一时间》、江苏卫视《1860新闻眼》中，新闻与娱乐相互渗透，界限模糊。新闻报道尽管有其特殊性，但是并不排斥娱乐的内涵和方式。新闻娱乐化适应当下的媒体市场，一定程度上考虑了观众的心理需求，但有人担心新闻娱乐化会削

CCTV-2的《第一时间》

弱受众的辨别力和对社会的责任。"新闻事业的主要功能是传播信息，沟通社会，当然还有教育、娱乐等，这毕竟不是主要功能，而新闻娱乐化却一味强调新闻的娱乐功能，这势必会影响其他功能的发挥，如果新闻只是大家的娱乐工具，那么毫无疑问，是步入了歧途。"这些言论无疑是对过分强调新闻娱乐化的担心和对媒体承担社会责任的强调。这就要求在新闻报道中，坚持严肃性与娱乐性的统一，电视新闻报道需在严肃性和娱乐性之间找到一个平衡点。

宣传教化与消遣娱乐功能的统一

承担宣传教化的使命是电视媒体义不容辞的责任，也是工作的重中之重。反之，从百姓的角度来说，打造老百姓喜闻乐见的节目，服务百姓，

娱乐百姓，的智能手机观看电视的业务，属于流媒体服务的一种，能够为用户提供基于移动终端的视频资讯服务，是移动的全新的业务。

当电视节目的制作与传输已经实现数字化以后，数以亿计的手机用户无疑为电视内容产业的再次"拓荒"提供了极具想像空间的新目标。但是也要看到目前手机电视的发展还存在诸多瓶颈，如终端价格高、电池时间短、应用资费高、网络带宽不够等等。目前我国的手机电视是在2.5G～2.75G的无线网络上开展的，因为带宽不够，数据传输的速率受到了极大限制，只能开展有限的几个较初级的项目，比如短片等，还不能真正体现手机电视的强大功能和技术魅力。

知识卡片 宽带

宽带又叫频宽，是指在固定的时间可传输的资料数量，亦即在传输管道中可以传递数据的能力。

第 **4** 章

话说中国电视
——从没有到繁荣

一、中国电视的最初设想

第4章
话说中国电视
从没有到繁荣

20世纪50年代，世界人口最多的国家——中国开始孕育自己的电视事业。

应该说，中国电视事业的孕育是在较为复杂的国内外背景下进行的。就国际背景而言，一方面，20世纪50年代世界电视事业迅猛发展，中国的近邻日本于1953年建立了电视台，菲律宾与泰国的电视台也先后开播。电视这一最具活力的传播媒介不可能不对中国产生影响。另一方面，20世纪50年代又是社会主义和资本主义两大阵营壁垒分明、互相对峙的时期。竞争激烈，冷战频繁，科学技术的领先具有重要的号召作用。电视领域的国际角逐无疑也带有政治意义。尤其是苏联（1939年开办电视，二战后于1945年恢复）、民主德国（1952年建电视台）、捷克斯洛伐克（1953年建电视台）、匈牙利（1954年建电视台）等社会主义兄弟国家的电视成果，使欣欣向荣的中国在这场"东风"与"西风"的较量中不甘落后。就国内形势而言，新中国成立以后，全国人民满腔热忱地投入到社会主义革命和社会主义建设中，迅速恢复国民经济，完成对生产资料私有

我国第一台电视

制的改造，并逐渐开展有计划的经济建设，这为中国电视事业的诞生创造了有利的条件。但新中国毕竟处在建国初期，经济技术还很落后，某些科学技术在试验中虽然取得一些成果，然而一旦进入工业领域进行批量生产，底子薄、基础弱的缺陷便立即显露出来。中国电视的起步需要学习和引进世界上的先进技术，而苏联和欧洲的社会主义国家就成为学习的对象。

1951年12月，中国参加了以社会主义国家为主体的国际广播组织，广播事业局局长梅益当选为该组织1953年度主席。1953年5月，中国与捷克斯洛伐克签订了第一个广播合作协定。同年，广播事业局派遣10名技术人员赴该国学习电视技术。此后，中国陆续与其他社会主义国家建立了合作关系。在国内，创办电视事业不仅提上了议事日程，而且受到中央第一代领导集体的高度关注。

1954年，在国务院文教办公室的一次会议上，当时文教办公室副主任钱俊瑞传达了毛泽东主席关于要办电视和发展对外广播的指示。

1955年2月5日，广播事业局向国务院报告，提出在北京建立一座中等规模电视台的计划。周恩来总理于2月12日批示："将此事一并列入文教五年计划讨论。"从此，新中国的电视事业进入了孕育期。

1956年5月28日，中共中央副主席刘少奇听取中央广播事业局工作汇报，在讨论发展电视广播时，他主张先搞黑白电视，但重点应该是搞彩色的，因为彩色比黑白更接近自然，更接近生活；电视接收机和发射机最好自己生产。

赴捷克斯洛伐克的技术人员

1956年5月，赴捷克斯洛伐克的技术人员学成回国，派去专攻电视技术的章之俭等人与清华大学无线电系合作共同进行黑白电视设备的研制工作。经过近一年的艰苦奋斗，终于在1957年夏季研制出了试验机。这一成功大大鼓舞了人们自力更生研制设备的信心。于是，广播事业局决定，除进口一些必要器材，如摄像管外，电视台的所有设备，包括中心设备和发射设备，均采用国产元器件。

在筹建工作紧张进行的过程中，有一件偶然的事使广播事业局领导决心让电视尽快上马。当时，获悉台湾将在美国无线电公司（CRA）的帮助下建立电视台，并定在1958年10月开播，于是广播事业局领导下定决心，一定要赶在台湾的前头。当就这个想法征求苏联专家组的意见时，他们却泼了一盆冷水，说中国还缺乏发展电视的条件。苏联专家的态度

当时的中国状况

并没有影响中国电视事业诞生的进程。广播事业局领导经过反复研究，认为虽然有风险，还是应该上，为社会主义祖国争气，开创中国的电视事业。

实际上，从1955年到1958年，经过三年多的筹备，中国电视事业已经具备了虽然简陋但却可行的基本条件。再说新生事物开始时因陋就简是普遍的规律，诞生于革命战争年代的中国人民广播试验播出可以说是以"土法上马"著称的，但这并没有阻碍它的健康发展。中国电视事业产生的国内背景虽然没有完全摆脱"一穷二白"的面貌，但毕竟有了新中国建立后国民经济的恢复作基础。因此，中国电视事业的诞生是历史的必然，中国的电视台在50年代末已经呼之欲出了。

 知识卡片 国民经济

国民经济是指一个现代国家范围内各社会生产部门、流通部门和其他经济部门所构成的互相联系的总体。工业、农业、建筑业、运输业、邮电业、商业、对外贸易、服务业、城市公用事业等，都是国民经济的组成部分。

321.21   659.325
235.654   888.236
789.25   45.32
3256.124   1124.145
124.368   653.225
456.257   4452.2
147.258   857.326
159.357   993.225
145.265
1523.144
5490.248

不停增长的国民经济

489.326
263.518
648.326
169.326
596.825
489.326
159.326
154.326
862.325
751.264
236.148
1434.18
6685.654
5498.14
1674.165
234.384

1434.18
6685.654
5498.14
1574.165
234.384
34.34
64.687

+ − * /

<table>
<tr><td>第4章
话说中国电视
从没有到繁荣</td><td><h1>二、北京电视台成立了</h1></td></tr>
</table>

中国第一座电视台

1958年5月1日，中国第一座电视台——北京电视台（中央电视台的前身）开始试验播出。这一天，标志着中国电视事业的诞生。由于简陋的客观条件和特殊的时代背景，中国电视事业起步的道路是艰难而曲折的，但也是充满希望的。

1957年8月17日，广播事业局党组决定成立"北京电视实验台筹备处"。北京电视台创办时，天津712厂仿照苏联"旗帜牌"电视试制了"北京牌"电视机。1958年，我国从苏联进口了一批"红宝石"牌和"记录牌"

电视机，以分期付款的方式投放市场，在某种程度上解决了电视接收的问题。

1958年3月12日，北京广播器材厂制造的1千瓦黑白电视图像发射机和500瓦伴音发射机调试成功，发射半径为25公里。7部摄像机也同时装试完毕，图像质量

"北京牌"电视机

尚佳。电视发射系统则以广播大楼主楼10楼作为机房，采用同轴双馈、双层蝙蝠翼阵子型天线系统，发射天线高度为80米。中心设备则安装在广播大楼西翼4楼的临时机房里，同时将拐角处不足60平方米的会议室便为演播室。

1958年3月15日，筹备处检查了各方面的工作进展情况并向广播事业局报告："预计自1958年5月1日起，北京电视实验台即可按原计划向首都地区开始进行实验性广播。"报告提出："根据目前物质条件和干部条件，北京电视实验台举办的节目有可能暂定为每周两次，每次2～3小时。

开播前，北京电视实验台筹备处进一步充实了职工队伍，

北京电视台

由筹备时期的9人增加到试播时期的30余人。人员来自中央人民广播电台、广播文工团以及中央新闻纪录电影制片厂、八一电影制片厂等单位。为适应试播需要，筹备处改为北京电视台编辑部，筹备处的主任、副主任仍为编

辑部的主任、副主任；电视台的技术部门仍归中央广播事业局技术部领导。编辑部下设办公室（负责节目调度和管理）、政治组、文教组，文艺组、播出组、秘书组等。并选定中央人民广播电台的播音员沈立环（播音名沈力）担任我国第一位电视广播员。

沈立环

新生的北京电视台自办节目的能力是很低的，在相当大的程度上必须依靠其他新闻和文艺单位的支援，电视工作者承担的主要是播出任务。当时除了纪录片、科教影片外，其他节目都是在黑白电视摄像机前直接表演的，这就为电视工作者提出了很高的要求。由于设备条件简陋、操作技术生疏，节目虽然简单，却是一场真正的战斗。大家既兴奋又紧张，主动抢任务、补漏洞，小小的简易演播室一片忙乱。播出过程中，一架摄像机出了故障，打乱了原来的分镜头计划，导演王化南临时采取应急措施，急得满头大汗。终于，首次播出顺利结束了。当全部节目播完时，大家互相祝贺，纷纷聚集到演播室，打开全部灯光，拍下了一张十分珍贵的合影，纪念这个具有历史意义的一天。

北京电视台首播

事后，新华通讯社发出电讯："中华人民共和国第一座电视台——北京电视台已在5月1日开始试验广播。"中国的电视事业诞生了。

在实验广播期间，北京电视台继续训练业务人员和工程技术人员，调整和改进各项技术设备，并试办各种形式的节目，以取得经验。经过四个月的实践，在1958年9月2日正式播出。节目播出次数由原来的每周两次

发展起来的电视业

增到每周四次（星期二、四、六、日各播一次），同时试办了5期《电视广播节目报》周刊。中国电视事业迈出了艰辛却又坚定的第一步。

知识卡片　　中央人民广播电台

　　中央人民广播电台，简称CNR，隶属于中国国家广电总局。中央人民广播电台是中华人民共和国国家广播电台，是中国最重要的、最具有影响力的传媒之一，与中国国际广播电台、中国中央电视台并称中央三台。

中央人民广播电台

三、早期地方台特色

第4章
话说中国电视
从没有到繁荣

中国早期成立的地方电视台是中国电视事业的重要组成部分，尽管绝大部分地方电视台在起步初期步履蹒跚，但在艰难困境中保留下来的电视台和实验台，还是为中国电视事业的发展进行了辛勤探索，积累了宝贵经验。下面就让我们把目光投向其中最早成立的几家地方电视台，回顾一下它们的创业之路。

上海电视台

上海电视台台标

1958年国庆当天，上海电视台试播成功。它是继北京电视台之后的全国最早建立的地方电视台。上海电视台初建时，是上海人民广播电台的一个部门，台址在南京东路新永安大楼。上海电视台工程技术人员自行设计研制了黑白电视发射机，图像发射功率为500瓦，伴音发射功率为250瓦，选用了当时我国电视广播的最高频道，也就是五频道（92～100兆赫）。发射天线设在电视台大楼的楼顶，海拔108米，最远覆盖40多平方公里。以后的两年间，上海电视台又研制成功7.5千瓦的五频道发射机、残留边带滤波器、双工器以及

上海电视台大楼

上海东方明珠电视塔

馈线系统，当时这在国内属于首创。上海地区的电视接收机主要是从北京市场调配，1960年才成批生产由进口零件装配的"上海牌"电视机。上海电视台的工作人员分别来自上海人民广播电台、电影厂、文艺团体，共30人。

上海电视台首次对外试播是1958年10月1日，1959年10月1日正式播出。建台之初，每周播出两次，每次2～3个小时。其中文艺节目占很大比例，新闻节目每次5分钟。

"上海牌"电视机

哈尔滨电视台

哈尔滨电视台台标

现黑龙江电视台的前身——哈尔滨电视台于1958年12月20日开始试验播出，一周年的时候改为正式播出。这是一座以"土法上马"著称的电视台。

当时的哈尔滨电视台地址在松花江街113号。最初的机房、演播室都在一起，设备十分简陋，只有一部广播工作者利用苏联旧式摄像管研制成的50瓦的发射机，覆盖半径也只有几公里。虽然技术条件并不完善，但参与筹备的同志认为，只要肯学习，是可以自力更生、"土法上马"把电视搞上去的。在这种创业精神的鼓舞下，他们组织攻关小组，克服重重困难，终于使哈尔滨的观众看到了本地的电视节目。开播一年后，他们用广播管替代电视米波功率管，使发射功率提高了10倍，周围30公里的市郊和县镇都能收看到电视节目。这一技术成果后来还被兄弟省市电视台借鉴。哈尔滨电视台的试

哈尔滨电视台（黑龙江电视台的前身）

播成功有力地推动了其他地区电视事业的发展。

天津电视台

天津电视台标

天津电视台于1959年7月1日开始试验播出，1960年3月20日改为正式广播。

1958年10月，天津人民广播电台成立了天津电视台筹备委员会，着手筹备电视台。此前，他们曾派技术人员参加了中央广播事业局开办的电视技术培训班，同时到北京电视台实习，实地了解、学习电视设备的技能和使用技术。11月下旬，这些技术人员开始了中心立柜设备的安装工作。经过反复探索，不断改进，在1959年5月1日播出了清晰的图像，为正式试验播出提供了有力的保障。

天津电视台大楼效果图

天津电视台的试验性播出历时8个月，共播出56次，一般每周只办一次节目，遇到重要节假日则增加一两次节目。从1960年2月起，改为每周试验播出两次。3月20日正式播出后，节目次数、播出次数不断调整，到1966年底，除星期一外，每周播出六次。

试播期间，天津电视台开办的节目有图片报道、电视讲话、电视新闻片、戏剧、电影、曲艺、音乐等，与北京、上海、哈尔滨的电视节目大同小异。

 滤波器

滤波器是一种用来消除干扰杂讯的器件，将输入或输出经过过滤而得到纯净的直流电。对特定频率的频点或该频点以外的频率进行有效滤除的电路，就是滤波器，其功能就是得到一个特定频率或消除一个特定频率。

四、早期电视人的特色

第4章
话说中国电视
从没有到繁荣

中国的电视事业是在十分简陋的客观条件下起步的，但是这种客观条件并没有限制中国早期电视人的工作热情。相反，虽然客观条件十分简陋，中国早期电视人坚定的信念、满腔的热情和顽强的毅力更加突出地彰显出来。他们齐心协力，自力更生，艰苦奋斗，为创建中国的电视事业忘我地工作着。他们凭着对党的忠诚，对电视事业的热爱，谱写出中国电视事业最初的篇章，在中国电视史上留下了坚实的足迹。

早期的电视新闻工作者

电视台首先是新闻宣传机关，办好新闻是它的首要任务。北京电视台从建台之初就对新闻宣传十分重视，并把它放在优先的位置上。在文化部电影局的大力支持

早期的新闻主持人

下，北京电视台从中央新闻纪录电影制片厂、八一电影制片厂调来编辑、摄影、剪辑人员等，加上从广播系统调来的干部，组成了开办新闻节目的基本队伍，开始了创建中国电视新闻的历程。

1960年以后，北京电视台的记者已有20多人，除在北京采访拍摄新闻片外，还到全国各地采访报道。1960年11月到12月中旬，为了加强对钢铁、煤炭运输的报道，5名记者到鞍山、抚顺等地采访拍摄，共摄制了12条新闻片播出。同年9月到11月派记者到西藏拍摄了西藏钢铁厂高炉出铁、翻身农奴庆丰收，西藏人民欢度国庆节的新闻。

从1965年3月起，北京电视台先后派出朱景和、周居方、韩金度3名记者常驻河内，先后达九年之久。他们不畏艰苦，冒着生命危险在前线和后

方拍摄了数万条新闻，还编成《战斗中的越南》、《越南青年突击队》等纪录片播出，有些节目还被送往外国电视机构。

1965年9月，为加强对少数民族地区的报道，北京电视台新闻部着手培养一批少数民族电视摄影记者，从中央民族学院和内蒙古大学调来藏、蒙古、哈萨克、维吾尔、彝、傣六个民族的9名少数民族干部。他们到北京广播学院学习半年新闻专业基础知识和摄影技术课后，当上了中国第一批少数民族电视摄影记者。

早期的纪录片创作队伍

由于早期的电视新闻片与电视纪录片没有严格的界限，早期的电视新闻工作者同时也是电视纪录片的创作人员。这支热爱电视事业的队伍，以介绍先进典型、宣传党的方针政策、报道领导人物的出访等重要活动和重大节日为主要任务，运用综合艺术手段，创作了大量的电视纪录片，其中许多作品成为中国电视片题材或艺术形式的"第一个"。

在早期的纪录片创作中，1965年摄制的《收租院》，由于内容的深刻和

《收租院》雕像

艺术风格的新颖而产生了广泛的社会影响。作品通过四川大邑县地主庄园的真实人物、史料和"收租院"泥塑，艺术地再现旧中国农村压迫与反压迫的阶级关系，深刻地揭露了恶霸地主刘文彩的血腥罪恶，唤醒人们勿忘历史、勿忘苦难的情愫。

早期的电视剧是"文艺的轻骑兵"（田汉语），由于这些电视剧基本上都采取直播的方式，表演、制作和观赏同步进行，因此从某种程度上来说，更接近于舞台剧，与其他舞台文艺节目有着天然的联系和相同的特点。或许正因为如此，早期的电视剧导演往往就成为其他文艺节目的电视导演。

《笑的晚会》

《笑的晚会》演播现场

比如在电视文艺史上颇具影响的三次《笑的晚会》的电视导演笪远怀（第一次）和王扶林（第二、第三次），就曾执导过多部电视剧。就像早期的电视新闻工作者大多是纪录片导演一样，早期的电视文艺工作者在分工上并没有严格的界限，处于起步阶段的电视文艺为这些拓荒者提供了极为广阔的发展空间。他们不仅创作了许多电视剧、电视文艺晚会，而且把其他几乎所有适于表演的文艺形式都搬上了荧屏，不仅有诗朗诵、曲艺、杂技、舞蹈、演唱等短小的文艺节目，而且有话剧、京剧、评剧、昆曲、川剧等众多的戏剧演出。逢重大庆典活动，他们还要进行实况电视转播。可以说，早期的电视文艺工作者为繁荣荧屏、丰富群众的文化生活付出了极大的心血和汗水，他们的艰苦探索和辛勤努力为中国电视文艺的健康成长积累了宝贵的经验。

与报纸、广播相比，电视最为突出的特点之一是"多兵种作战"，任何电视节目都是集体合作的结晶。早期的电视新闻、文艺、教育工作者是电视"集团军"的排头兵，但远不是早期电视人的全部。自从电视在中国的土地上诞生以来，无论是电视台的领导者、管理者、电视节目的制作者，还是保障电视正常播出的工程技术人员，都悉心呵护着电视这个"新生儿"，使其在极端艰苦的条件下保持了顽强的生命力。他们都为中国电视的发展作出了自己的贡献。

荧屏的戏曲节目

中央新闻纪录电影制片厂

中央新闻纪录电影制片厂是中国唯一生产新闻纪录电影的专业厂，其前身是成立于1938年的延安电影团，有着光荣的历史。自1953年建厂起，它就以纪录影片的方式记录着共和国发展的历史进程。

八一电影制片厂

八一电影制片厂是中国唯一的军队电影制片厂，位于北京市丰台区六里桥北里，占地面积392.1亩。1951年3月，以总政治部军事教育电影制片厂名义开始筹建，1952年8月1日正式建厂，命名为解放军电影制片厂，1956年更名为八一电影制片厂。

《河川进攻》剧照

第**4**章
话说中国电视
从没有到繁荣

五、早期的电视节目

新闻宣传节目

作为国家级的电视台，北京电视台特殊的重要地位是从一开始就奠定了的——它是党和国家的喉舌和宣传工具。早期成立的地方电视台也把政治宣传作为自己的首要的、基本的任务。新闻因其与政治有天然的紧密联系，是体现意识形态和政治意图最明显而直接的节目形式，所以在一开始就受到电视台的重视与运用。尽管电视作为新闻媒介的功能在当时尚不被公众所认可和接受，而且实际上电视新闻的政治宣传效果由于形式的单调也并不理想，但这并没有影响电视新闻在节目整体构成中的地位。事实上，它是在不断地加强的。

早期的新闻联播片头

知识教育节目

知识教育节目

早期中国电视普及知识、教育群众的电视功能成为最为基本、最为重要的功能。

少儿节目

社会教育是培养革命事业接班人的重要途径。电视台的少儿节目是这种教育的一部分。北京电视台初创时，少儿节目主要是上海美术电影制片厂出品的动画片、中国木偶艺术团演出的木偶戏、幼儿园小朋友表演的歌舞和朗诵节目等。

少儿节目

文化娱乐节目

文化娱乐是电视最重要的功能之一。中国早期的电视工作者对此十分重视，对电视文化娱乐节目进行了大量的、大胆的尝试，并取得了初步的成果。

文化娱乐节目

早期的电视剧

1958年6月15日，试播期间的北京电视台播出了中国第一部电视剧《一口菜饼子》，开创了中国电视剧的先河。此后，电视剧成为中国早期荧屏上的重要内容。早期的电视剧更接近于舞台剧，因为都是采用直播手段播出的。

早期的电视剧还有一些富有生活情趣的艺术作品。1963年2月17日，北京电视台播出了根据柯岩写的话剧改编的《相亲记》，由石梁编剧，蔡骧、梅村导演。这个电视剧说的是饭店服务员和纱厂女工相爱的

《一口菜饼子》电视剧

故事，是一部歌颂新社会、歌颂服务业新面貌的喜剧。该剧播出后受到服务行业职工的热烈欢迎。应观众要求又重播过4次，是那一时期播出次数最多的电视剧。北京市副市长万里号召服务员都看看这部电视剧。中国戏剧家协会主席田汉率领有关人员登门座谈，称赞电视剧是"文艺的轻骑兵"。1964年，《相亲记》和另一部电视剧《岭上人家》还搬上了广州电视台的屏幕。

柯岩

总体说来，中国早期电视的功能还是十分有限的，而这些功能是由当时的历史条件决定的。

知识卡片 /// 旧社会

我们所谓的"旧社会"，是指以"地主阶级"与"农民阶级"为社会两大阶级的"农业社会"或者"乡村社会"，这种社会已经有一两千年的历史了，一直延续到20世纪40年代末。

建国前杂乱无章的城镇集市

六、彩色电视的出现于节目的提陈出新

彩色电视问世了

20世纪60年代末，世界主要发达资本主义国家的彩色电视已经进入稳定发展的繁荣阶段，技术日益成熟，价格也不断下降，而我国的彩色电视尚处在研究阶段。

1970年，多数省份建设正规黑白电视台的同时，北京电视台和少数地方电视台发起彩色电视攻坚战，开始了"自创制式"的奋斗历程。

20世纪70年代，中国外交战略进行整体调整，门户也逐渐开放。1972年2月，美国总统尼克松访问中国，美国三大广播公司派记者随同采访。庞

彩色电视机

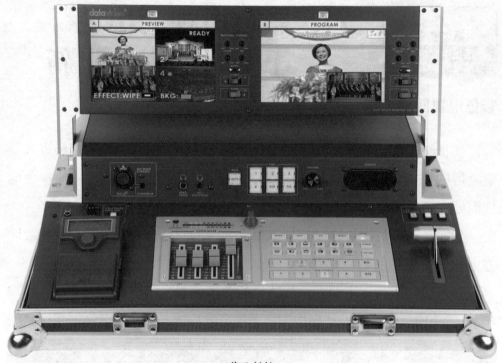

节目制播

大的采访队伍及设备令国内同行眼界大开，也为我国最终决定引进国外彩色电视设备和技术产品埋下了伏笔。

事前，美国电视摄影队带来了全套的新式彩色摄录转播设备，提出用波音747大型客机在中国上空进行实况转播。中国以"有伤主权"为由拒绝。后来双方达成协议，由北京电视台和美国三大广播公司的代表签订了"租借合同"和"使用合同"。

节目制播系统的改进

伴随着中国电视的彩色化进程，电视节目的制作和播出系统也逐步完善起来。

20世纪70年代初，磁带录像机问世，为电视节目的制作和播出开辟了广

《人民日报》

阔的前景，不但解决了直播方式中存在的一些难题，还为电视节目的保存和交换创造了条件。利用磁带录像机对电视节目进行录像、编辑和制作后，比在演播室内拍摄的节目更加丰富多彩。更为重要的是，它大大提高了电视节目制播的效率。转播车的功能也从最初的实况转播扩展到实况录像。

各省电视台的建立

1968年前后，停播的省级电视台陆续恢复播出。例如，天津、哈尔滨、西安、沈阳、南京等地的电视台。与此同时，一些没有建立过电视台的地方也积极开办电视台。1970年10月1日，新疆、青海、宁夏、甘肃、广西、福建等地开始正式或试验播放电视节目。到1971年，除西藏自治区和北京市以外，全国27个省、自治区和直辖市都建立了电视台，电视台总数达到32座。

广东电视台

建立全国电视广播网

　　各地的电视台建成后，如何借助某种长距离传送方式把它们连接起来，形成一个以北京为中心的宣传网络，这成为一项新的技术课题。微波中继干线开始在中国电视传输技术发展进程中扮演着日益重要的角色。

　　随着邮电部微波中继干线建设速度的加快，一个统一的全国电视广播网逐渐形成。从1971年起，电视系统正式租用国家微波中继干线传送节目。自从有了微波线路，每逢重大节日和重要活动，各地电视台都纷纷转播首都电视台的节目。

　　这一时期中国的电视建设仍有相当大的发展。全国各省、自治区首府和直辖市基本都建立了电视台，初步形成了一个以北京为中心的全国电视广播网。尝试租用卫星线路，利用彩色电视转播车进行电视节目卫星传送及实况转播，并且开始从黑白电视向彩色电视的过渡。

　　这使我们同世界发达国家电视发展的距离又被拉近了，为迎来改革开放以后中国电视事业的腾飞夯实了基础。

新建的中央电视台电视塔

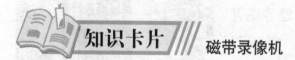 知识卡片 磁带录像机

　　利用磁带记录、重放图像和声音信号的技术，完成这种功能的设备称磁带录像机，简称录像机。磁带录像是机、电、磁的综合技术。

录像带

七、消息类新闻栏目的新气象

进入20世纪90年代，电视传播的格局发生了根本的变化。首先，从1993年开始，中央电视台新闻变革的一个重大举措就是开发时段，综合性新闻节目在不同的时段全面布局，在早晨、午间、晚间及周末等时段都设立了综合性新闻节目，初步搭建起新闻频道的框架。其次，随着电视节目播出时间的延长、节目频道的增多，电视受众变得越来越小众化、非群体化。电视新闻的主体——消息类新闻渐趋窄播化和专业化，大量针对不同类型观众群体、满足观众不同方面新闻需求的专业性、对象性新闻栏目出现在屏幕上。这类新闻栏目定位明确，风格鲜明，更符合观众的收视需求。这类新闻栏目的出现既是对以中央电视台《新闻联播》为代表的综合类新闻栏目的补充和完善，同时也对综合类新闻栏目构成了冲击。

联播型新闻栏目的改革

《新闻联播》

在我国，联播型新闻栏目具有最悠久的历史和最广泛的社会影响力，其中以中央电视台的<新闻联播》最具代表性。也正因为如此，《新闻联播》的改革最引人关注，它的示范作用也最为强大。

综合性新闻节目开发多个时段、均衡设置播出

1993年3月1日，中央电视台第一套节目新闻的播出增加到12次（包括体育新闻），实现了整点播出和重要新闻滚动播出，大大提高了新闻的质量和时效性。以中央电视台为先导，综合性新闻节目实现重大改革，许多电视台在早晨、中午、晚间以及周末等不同的时间段开设综合性新闻栏目，大大拓展了电视新闻节目的播出时段。

多元化发展的经济新闻栏目

1992年后，随着经济体制改革的深入和经济建设的发展，全国许多电视台先后成立了经济电视台

体育新闻

《北京特快》栏目

或经济频道，开办了许多富有特色的经济新闻栏目，比如北京电视台的《北京特快》、上海电视台的《第一财经》和《经济观察》、辽宁电视台的《北方经济传真》、新疆电视台的《新疆经济信息联播》等。

国际新闻报道的繁荣

国际新闻长期以来深受我国电视观众的喜爱，而且对我国电视新闻从业人员的新闻观念也有深远影响。随着中国社会的开放，人们了解外面世界的愿望越

《第一财经》栏目

来越强烈，而国际新闻长期以来附着于国内新闻，没有获得独立的地位，难以满足观众的需求。为了改变这种状况，1994年4月1日，中央电视台开播了当时唯一的专注于国际新闻报道的栏目——《世界报道》，每天在第一套节目的22点播出，长度为10分钟。《世界报道》内容新、时效快，在编辑手法上或采用三言两语的简讯，或采用夹叙夹议的评论，匠心独运。

对外新闻节目

随着中国综合国力的增长和国际地位的提高，中国电视界不断加大对外报道力度，中央电视台与地方电视台以及其他电视制作机构协力合作，大力加强对外新闻报道，力争打破西方少数国家垄断国际新闻传播的局面。

体育新闻

进入20世纪90年代，随着我国体育事业的繁荣，许多体育比赛项目走向市场化，体育电视节目也进入了一个大发展的阶段。其中，体育新闻类栏目得风气之先。在1994年中央电视台晚间新闻节目改版时，《体育新闻》节目成为其中一个固定的板块。1995年，随着中央电视台体育频道的开播，体育新闻每天进行4次滚动播出，并且实现了直播。随后，体育频道还陆续开播了《足球之夜》、《五环夜话》等体育新闻评论节目。

《足球之夜》栏目

高清

《娱乐无极限》栏目

娱乐新闻

　　社会经济发展带来物质生活的富足，也促使现代人开始追求更多精神上的享受。20世纪90年代以后，轻松时尚的娱乐类新闻栏目开始出现，成为专业类新闻栏目的"新宠"，其中比较典型的有开风气之先、由社会制作的《娱乐现场》，有中国电视娱乐新军湖南电视台的代表作品《娱乐无极限》，还有传统强势力量中央电视台的《综艺快报》等相关文化娱乐新闻节目。

《综艺快报》栏目

贴近当地观众的本地新闻栏目

1992年以后，随着有线电视和卫星电视的迅猛发展，中央电视台多个电视频道以及各地省级卫星电视频道的传播范围迅速扩大，城市电视观众收看到的电视节目数量大大增加。在这种局面下，许多城市电视台强化新闻意识，转变新闻观念，开办了很多以本城市观众为特定收视对象、以反映本地新闻为主的综合性的电视新闻栏目。如广州电视台的《都市早晨》、沈阳电视台的《沈视早报》、北京有线电视台的《有线新闻》等。

知识卡片　　　《新闻联播》

《新闻联播》是指一种电视或广播新闻节目形式，即各电视台或广播电台同时联合播出的新闻节目。以中国中央电视台《新闻联播》影响力最为广泛。

八、文艺节目的"娱乐化"

综艺栏目的兴盛

20世纪90年代初，作为电视节目从制作到播出的必然趋势，栏目化是日常电视节目的盛行模式。栏目化有两层含义，第一层含义指栏目机制：电视节目被分门别类、定时定点地播出，整个节目从策划到制作都由制片

《正大综艺》栏目

人负责，与"制片人制"紧密结合。第二层的含义是栏目形式：指所有时间较短的、内容相关的节目被划入"板块"进入栏目，借鉴了杂志对内容进行编排的形式——相关内容被串联成一个整体再行播出。

文艺栏目的专业化

专业化是媒体发展的必然，从专业台到专业频道是电视竞争的大势所趋，是媒体追求高水平服务意识的体现，文艺栏目也不例外。1993年的第7届"星光奖"评选就改变了往届按中央电视台栏目设奖项的方式，开始按照电视文艺本身的内容或形式设立奖项。具体地说，设有综合性文艺节目、专题类文艺节目、音乐节目、歌舞节目、戏曲节目、曲艺杂技节目、电视戏曲小品节目等7个门类奖项，另外还设立了栏目奖和撰稿、导演、编辑、摄像、美术、照明、化妆、音乐音响等单项奖。这充分说明广大创作者开始对各种进入电视的艺术本体进行重新思考，更深入地探求内容与形式的有机结合。于是各栏目开始实行内容的专业化，具体表

《曲苑杂坛》栏目

现为综艺节目每期都有相对集中的主题，越来越多的新栏目着力对内容的深度挖掘和表现。如《戏曲欣赏》于1993年11月改为《九州戏苑》，小栏目有《戏曲专递》、《舞台与人生》、《台前幕后》、《今日头牌》、《就听这一口》、《古韵新风》、《学句行话》、《票友天地》、《点戏台》，共45分钟，在中央电视台第1套节目中隔周播出，《曲苑杂坛》也给曲艺一个单独施展的空间，《中国音乐电视》则专门围绕"MTV"做文章；而《电视书场》、《动画15分》等，从名称上看就是具体的、有专业划分的、主题明确的节目，并以特定的内容、形式、风格吸引不同而又相对稳定的观众群，体现着当代电视的发展趋势。

晚会日渐纯熟

电视文艺晚会以其巨大的影响力受到社会的普遍关注，而在20世纪90年代初、中期出现了普遍化、日常化的趋势，同时在内容和样式方面走向

《九州戏苑》节目

多样化。无论是喜庆的节日，还是各种重大事件、公益活动、竞赛、展示行业风采，等等，也都成为晚会举办的由头。于是，各类晚会大上快上，不仅电视台办，其他部委，行业也有不少优秀作品，晚会出现了空前繁荣的局面。但从总体质量上看，地方台晚会与中央电视台比较仍有较大差距。

MTV的日渐成熟及巨大影响力

MTV音乐电视

MTV（英文Music Television的缩写）是1981年8月1日开播的美国无线电视音乐频道的名称。20世纪90年代引入中国时，由它的宣传语"MTV就是音乐电视"而脍炙人口，我们的音乐节目借用了这一称呼，并把它固定下来，成为"电视化地表现音乐作品"这一创作形式的代称，而且很快被人们争相传诵。可以说，MTV是电视音乐深入创作的延伸，它要求编导对音乐本性、电视特性与技巧、电视声画关系有透彻的认识。当时的电视文艺专家就对歌曲在电视中的处理手法进行了总结。

知识卡片 /// 制片人制

制片人制起源于20世纪20年代的美国，它的出现是西方影视事业发展的需要。1985年，中国电视剧制作中心任命了4名制片人，开创了内地电视界制片人制的先河。制片人制即由制片人管理栏目，对栏目的节目制作、财务管理、人员使用、报酬分配实施全权负责。

辛勤工作的制片人

九、越来越贴近生活的电视剧

　　1992年到2000年是中国电视剧发展壮大、走向成熟的阶段。其中，有探索、有曲折、有困难、有迷茫，但总体上成就显著。无论是电视剧创作的数量、质量，还是创作思想、艺术手段、题材风格，乃至电视剧生产逐渐引进市场化机制方面，都取得了引人注目的业绩。

把握时代脉搏，引进市场机制

　　进入20世纪90年代，"弘扬主旋律，坚持多样化"逐渐成为我国电视剧创作的重要方针。关于"弘扬主旋律"的内涵，江泽民总书记在1994年的全国宣传思想工作会议上作过如下界定："弘扬主旋律，就是要在建设有中国特色社会主义的理论和党的基本路线指导下，大力倡导一切有利于发扬爱国主义、集体主义、社会主义的思想和精神，大力倡导一切有利于改革开放和现代化建设的思想和精神，大力倡导一切有利于民族团结、社会进步、人民幸福的思想和精神，大力倡导一切用诚实劳动争取美好生活的思想和精神。"

三国演义

发展中坚定方向，繁荣中小有波澜

　　1997年，全国共制作电视剧832部8272集，无论是数量还是整体质量，都成就卓著。该年有影响的作品有《水浒传》（获第18届全国电视剧"飞天奖"长篇电视剧特等奖）；《人

《周恩来在上海》

间正道》、《难忘岁月——红旗渠的故事》（两剧均获第15届"飞天奖"长篇电视剧一等奖），《红十字方队》、《儿女情长》，《突围》、《黑脸》、《岁月长长路长长》（五剧均获第18届"飞天奖"长篇电视剧二等奖），《驱逐舰舰长》、<马寅初》（两剧均获第18届"飞天奖"中篇电视剧一等奖）；《情感的守望》（获第18届"飞天奖"短篇电视剧一等奖）；《十七岁不哭》（获第18届"飞天奖"少儿电视连续剧一等奖）；昆曲《司马相如》（获第18届"飞天奖"戏曲电视连续剧一等奖）；还有《周恩来在上海》、《潘汉年》、《雪太阳》、《魂系哈军工》、《妈妈今晚去远航》等。

反映时代精神、唱响主旋律的电视剧更加注重思想与艺术的和谐统一，以追求更高的艺术魅力，这成为本年度众多优秀电视剧的突出特点。第18届"飞天奖"评选，获奖作品共计73部545集，这批作品真实、准确地展示出这一年度电视剧创作达到了较高思想、艺术水平。

多维化探索，多样化发展

20世纪末的最后两年，我国电视剧逐渐趋于理性化发展，年产量维持在7000部集左右，题材丰富，创作手法多样，努力创新，追求思想内涵和艺术魅力的和谐统一是最大特点。

1999年，全年共生产电视剧489部7273集，通过审查、投入发行和播出的有371部6227集。其中，获得观众和专家好评的电视剧有《钢铁是怎样炼成的》、《西藏风云》、《中国命运的决战》（三剧均获第20届全国电视剧"飞天奖"长篇电视剧特别奖）；《开国领袖毛泽东》、《突出重围》（两剧均获第20届"飞天奖"长篇电视剧一等奖）；《嫂娘》、《裂缝》（两剧均获第20届"飞天奖"中篇电视剧一等奖）；《有这样一个支部书记》（获第20届"飞天奖"短篇电视剧一等奖）；《小鬼鲁智胜》（获第20届"飞天奖"少儿连续剧一等奖）；《科医生》、《红岩》、《兵谣》、《澳门的故事》、《咱老百姓》、《一年又一年》、《田教授家的二十八个保姆》等。

《大明宫词》

2000年，实际拍摄完成并获准发行的国产电视剧有455部7535集。在主旋律宗旨和精品意识的指引下，继续涌现出《一代廉吏于成龙》、《红色康乃馨》、《贫嘴张大民的幸福生活》、《大明宫词》等一批优秀电视剧。

在21世纪来临之际，多样化发展的思维已经深入到了中国电视剧创作当中。诸多新鲜出炉的剧作，在前期策划的时候，创作者们就开始在题材选取、叙事结构、情节模式等方面，预先寻求了多重表现的可能性和契合点。

飞天奖的奖杯

知识卡片 /// 飞天奖

飞天奖是中国电视剧最高"政府奖"。始创于1980年，于1981年开始评奖，每年举办一届，原名"全国优秀电视剧奖"。

飞天奖电视艺术国际高峰论坛

飞天奖的颁奖现场

第5章

飞速发展中的电视科技
——更加智能化

◎消费变化与发展新方式
◎越来越多的娱乐节目
◎互动电视走进千家万户
◎迎来手机电视时代
◎IPTV来袭

第5章
飞速发展中的电视科技更加智能化

一、消费变化与发展新方式

电视是目前影响力最大的大众传播媒介，尤其当出现重大的历史事件时，电视依然是人们目前的首选。但随着现代科技的飞速发展，随着网络等新媒体的出现并迅速普及，人们的信息消费方式正发生着日新月异的变化。据统计：2005年从大年三十到初七，"中国移动通信"手机短信发送量达到84亿条，比上年增长7.7%左右。"中国联通"的手机短信发送量达到26亿条，增长30%。2005年全国手机短信发送量达到110亿条，市场收入11亿元。目前，中学生手机消费在移动通信总营业额中所占比例之高，也说明他们更容易接受这种信息传递方式。

为了在不断改变的环境中生存，一切形式的传播媒体，都要适应需求变化。否则，就将逐渐淡出历史的舞台。电视，也不例外。人们关心电视是否能够迅速调整并适应当代世界人们的信息消费方式。

人民日报

由于20世纪90年代以来，新媒介出现并逐渐普及，人们日益向参与性、监督性需求转变，通过媒介传播个人思想、观点的意识越来越强；要求媒体开放，积极参与节目的策划、制作和播出的意识越来越强。这些特征在我国一些发展较快的大城

收看电视节目

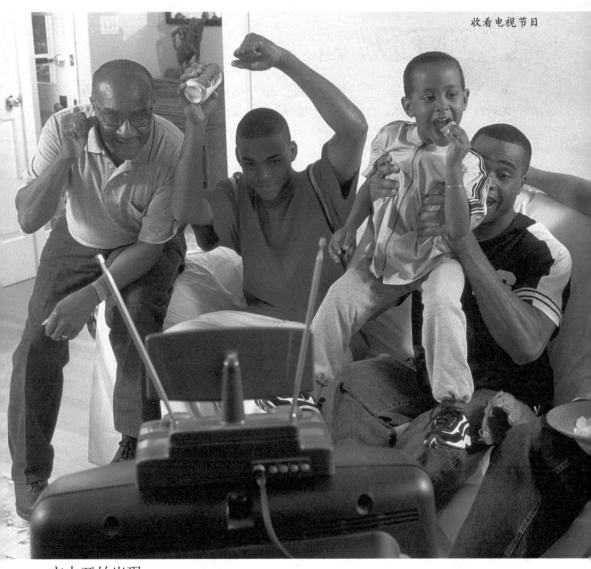

市中开始出现。

　　同时，伴随着经济全球化浪潮的信息全球流动，当代社会的人们对国际上发生的重大事件、重要的变化趋势等方面的关注焦点走向一致；同时人们更倾向在比较轻松的状态下，获取用轻松、活泼、个性化方式提供的信息和文化产品；而人们衡量一个节目的标准是看它是否能满足自己的需求。

知识卡片 //// 策划

策划又称"策略方案"和"战术计划"是指人们为了达成某种特定的目标，借助一定的科学方法和艺术，为决策、计划而构思、设计、制作策划方案的过程。

现代的策划人工作环境

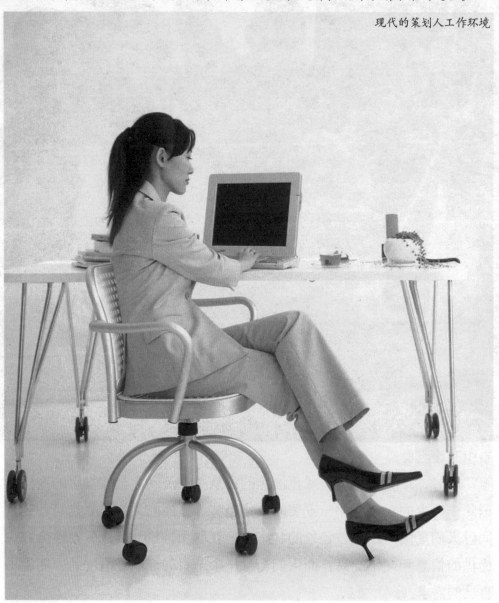

二、越来越多的娱乐节目

信息消费方式的改变直接影响着观众对电视节目的要求。近年来，在西方传媒界逐渐流行起一些英文新词。这些词汇在结构上多由两、三个传统的媒体词汇重新拼接、组合而成，而在意义上通常是这些传统词汇意义在现代语境中的丰富及衍生。尽管这些新的流行词汇大部分至今都还没有出现在正式出版的词典里，但它们的流行却恰恰反映着一些全新的概念。这些概念凸显出全球传媒业的新变化、新动向。这里我们试举两个例子。

Infortauunent娱乐化信息

Infortainment是Information（信息、资讯）和Entertainment（娱乐）两个单词的组合，就是"娱乐化信息"。这种模糊了新闻和娱乐界限的"娱讯"的出现，一方面是电视在收视率重压下的产物，另一方面也真实地反映了信息社会观众对信息消费方式所持有的新态

电视信息娱乐化

度。在现代观众的生活中，信息的娱乐功能前所未有地凸显，信息消费也成为人们休闲生活的一部分，表现在媒体内容上，就是严肃性大幅下降，而轻松、休闲的趣味性大幅上升。

娱乐化信息节目——海洋生物

探索发现频道

现在，Infortainment这个词不仅被用来表示"娱乐化信息"，也成为一种把新闻信息与文化娱乐两者结合在一起的新节目形式。这种节目以提供娱乐为主要目的，但内容是跟新闻与信息相关的。例如，著名的探索发现频道（Discovery）所提供的就是这种节目。目前，作为一种节目形式已经在世界范围里得到认同和应用。例如，在日本的东京电视台(TV Tokyo)就将它作为其与财经新闻、动画片并列的三大主要节目内容之一。

全球化下的本土化

Glocalization是globalization（全球化）与localization（本土化）两个词合并而成的，就是"全球化下的本土化"。

全球化与本土化是当今世界传媒业的两大潮流，这两大潮流浸透到不同的民族和不同的文化中。以中国电视为例，近年来走红于中国电视屏幕上的《开心辞典》、《超级女声》等节目，

《开心辞典》

在某种意义上都是西方电视节目在中国比较成功翻版。这两档节目所取得的收视率及其他方面的业绩，已经很好地证明了观众的态度。

 概念

概念是反映对象的本质属性的思维形式。人类在认识过程中，从感性认识上升到理性认识，把所感知的事物的共同本质特点抽象出来，加以概括，就成为概念。

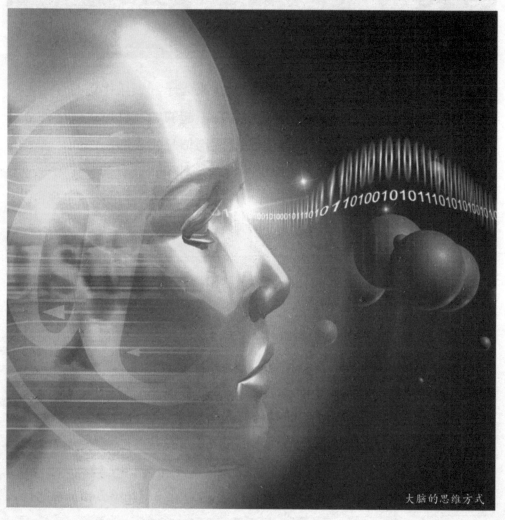

大脑的思维方式

三、互动电视 走进千家万户

第5章 飞速发展中的电视科技 更加智能化

"互动电视"，也称为ITV或交互式电视。随着技术的不断进步，越来越多的世界顶级公司开始介入到"互动电视"的领域里来。他们中有IT行业的MICROSOFT、IBM等公司，也有媒体业的时代华纳、新闻集团等巨头。

交互式电视

2002年1月14日，新成立的美国在线时代华纳公司宣布将互动电视确立为新公司的重要业务，新公司将向互动电视进军。

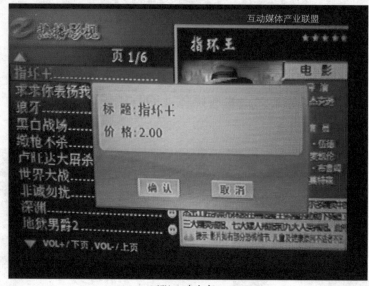

ITV互动电视

互动电视将使被动的电视收看体验变成真正的交互式体验，在接收复杂的用户命令的同时，可以按照观众的要求提供多种形式的媒体内容：

一是互动节目向导，也称为电子节目向导。

二是点播电视，可提供储存在头端视频服务器里的电影和其他节目。

三是通过电视实现互联网功能，包括电子邮件和网络浏览。

四是按需提供"珍藏"的内容，这些内容可以是互动电视业务提供者储存的信息或其他内容，并通过特定的网络提供给用户。

五是互动电视应用，比如：在收看比赛的同时，允许观众选择不同的摄像机角度。

目前，互动电视在欧洲的发展比较成熟。尤其是英国的互动电视用户相当多，已经占了英国全国付费电视用户的50%。目前，许多先进的电视集团公司都已经将新媒体作为一个独立部门，并为其业务开展提供重点技术支持和产品研发，其中许多电视机构还专门开设了"互动电视"业务或频道，重点使用于体育赛事以及那些观众参与度较高的节目中。

"交互式电视不仅是技术上的一个突破，同时也将带动整个电视信息产业的发展，从节目制作、频道规划到系统网络，以及与电视相关的行业都将得到很大转变。

 摄像机

摄像机防水数码摄象机摄像机种类繁多，其工作的基本原理都是一样的：把光学图象信号转变为电信号，以便于存储或者传输。

摄像机

四、迎来手机电视时代

第5章
飞速发展中的电视科技
更加智能化

所谓"手机电视业务"，就是利用具有操作系统和视频功能的智能手机观看电视的业务。大致可以分为两种不同的形式：一种是视频通过网络直接传播到手机上的实况转播电视，用户可以调到一定的频道收看；另一种是根据订户的要求创建和提供的视频片断，这些片断大部分是现有节目的重新编辑版，也有为手机网络专门制作的内容，此外一些公司还通过重新包装现有的节目，制作面向移动设备的内容。

手机电视业务

手机电视作为一个新型的电视业务，普通用户对其了解目前并不深入。在美国现在约有50万用户订购了手机电视服务，而美国整体的手机用户数量接近2亿。尽管如此，但相信由于手机用户的高度普及、手机突出的便携特性，手机电视业务可能会显示出比普通电视更广泛的影响力；加上移动数据业务的普及、手机性能的提高以及数字电视技术和网络的迅速发展，从2003年开始，世界各国的主要移动运营商都纷纷推出了手机电视这项业务，于是手机电视开始引起了人们的广泛关注。在我国，中国移动和中国

手机看电视

联通也相继推出了这项业务，手机电视离我们的距离越来越近。

手机电视业务的应用特征与手机使用者这个特定的受众群体使用习惯密切相关。手机电视观众的年龄通常在20～40岁之间，目前，约2/3的观众是男性。对于绝大多数用户来说，分散在全天各个时间段的"媒介空白"是手机电视业务最可能被使用的时间。例如：对于传统电视来说绝对不可能成为黄金时间的午间段，对于手机电视业务来说却是一个使用高峰。因为在这段时间内，用户基本上不会接触传统电视的媒介信息，于是在无聊或有需要时就会选择下载手机流媒体片断。受到手机播放画质的影响，幽默、娱乐、音乐等消遣内容的短片是目前手机电视业务消

手机看电视

费的主要内容。手机播放的节目内容完全可以由用户自主选择，加上传输速度的限制，更多的用户选择把内容下载保存在手机里，然后自主安排观看时间。当然，相信随着3G网络的搭建和投入使用，随着手机性能的提高，手机电视业务的应用特征会随着技术的变化而发生一些变化。

知识卡片 运营商

提供网络服务的供应商，诺基亚、三星等这些厂商都是通信设备生产商，而中国电信、 中国移动这些公司才叫运营商，因为国家在电信管理方面相当严格。只有拥有信息产业部颁发的运营牌照的公司才能架设网络，从通信行业来说，设备生产商和运营商是相互依存的。

中国移动通信
CHINA MOBILE

五、IPTV来袭

第5章
飞速发展中的电视科技
更加智能化

IPTV就是宽带网络数字电视，是一种利用宽带互联网、多媒体等多种技术在一体，向家庭用户提供包括数字电视在内的多种交互式服务的崭新技术。家庭用户只需要在普通电话线上申请宽带网，通过一台调制解调器和一台IPTV专用的数字机顶盒，就可以尝试IPTV的新经验。

IPTV的终端可以是电视机、计算机、手持设备等，而它最重要的特点依然是——交互性，同时IPTV提供了时移、回看和点播等个人化收看的功能，甚至它可以让观众按快进键，跳过电视广告，这

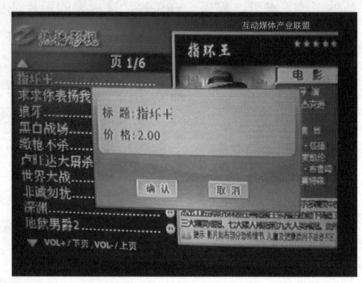

iptv

对于依赖广告为生的传统媒体来说无疑将是一个"晴天霹雳"。

宽带网络数字电视

在新媒体迭出并迅猛发展的今天，IPTV将成就一个新的产业链，于是有人因此将它称为新媒体的"一桶重金"

那么，IPTV都有哪些新功能呢？

直播电视

CCTV-1综合	CCTV-1综合	CCTV-2财经	CCTV-3综艺
CCTV-4中文国际	CCTV-4中文国际	CCTV-5体育	CCTV-6电影
CCTV-7军事农业	CCTV-8电视剧	CCTV-9纪录	CCTV-10科教
CCTV-11戏曲	CCTV-12社会与法	CCTV-13新闻	CCTV-13新闻
CCTV-14少儿	CCTV-15音乐	CCTV-高清	中国教育1
中国教育3	北京卫视	北京文艺频道	北京科教频道
北京影视频道	北京财经频道	北京体育频道	北京生活频道

1 / 92

IPTV直播电视

直播电视

IPTV可以基于传统电视现有频道和节目资源，为观众提供更多频道、更多节目的选择。例如，SMG提供的IPTV就包括有央视15个频道、文广（上视、东视等）12个频道、数字电视20个特色频道、9个各地优秀卫视等58个直播电视频道。此外，还提供导视频道、热门剧场、热门娱乐、上海一家门、超级影院、真实纪录、精英体育等由众多精彩节目编辑而成的9个虚拟频道。

VOD点播

IPTV也可以根据已有内容资源进行一定编辑思路的重新整合，为观众提供更集中、更有针对性的丰富节目内容以供点播。例如：SMG提供的IPTV目前就有包括电影、电视剧、音乐娱乐、纪实节目、少儿、体

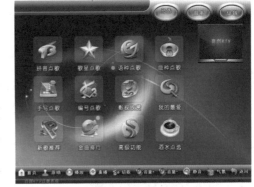

VOD点播

育以及教育等分类内容在内的点播节目，节目量已经达到3 000小时。

即时时移

IPTV的"时移"功能让观众自由掌握观看或暂停观看节目的权利。例如：当观众由于离开电视机前而错过了刚才的精彩镜头，这样的情况在线性播出的传统电视中是"一次过"的，再想看只能等待重播了，但IPTV可以像使用DVD播放机一样来控制电视机。IPTV的直播频道会提供60分钟内随时暂停、后退和快进的机会，让观众不再有被进行中的节目内容束缚的感觉。

电视回看

IPTV的"回看"功能，使电视机就像一台电脑一样，可以将电视节目保存在硬盘内，在方便的时刻被观众调用、观看。例如：SMG的IPTV就提供了重放直播电视频道过去48小时任意节目的"回看"功能，这样观众再也不必担心喜爱的节目被错过的问题了。

信息服务

IPTV可以为观众提供各类信息服务。观众可以通过使用IPTV的遥控器来搜索或查询自己所需要的各类信息。信息内容可以覆盖生活服务、新闻咨询以及个性化内容等各方面。

宽带网络数字电视

此外，IPTV的强大功能还将使得许多个性化的增值服务成为可能。例

通过遥控器设定TV功能

如：可以通过IPTV连接到一个歌曲库，让观众在家里享受点播式的卡拉OK；可以通过IPTV实现个人财务管理；可以通过IPTV让观众直接参与节目制作，在直播比赛的同时在屏幕下方滚动播出观众短信留言的内容，电视机前的观众能够直接在节目中表达自己的观点和意见；可以通过IPTV创建一个个人频道，实现边看电视边使用即时通信系统在TV上聊天的服务等等。

大量的可能性最终也许都能成为我们日常生活中的现实，而IPTV实际上就是将电视服务和互联网浏览、电子邮件以及多种在线信息咨询、娱乐、教育及商务功能结合在一起，并且把电视节目播放主动权交给了观众。

 知识卡片 //// 思路

思路就是人们在思考某一问题时思维活动进展的线路或轨迹。从写作意义上来讲，也就是作者为了深化和表达其思想认识而遵循的思维活动的线路。

IPTV 与虚拟人物的结合

图书在版编目（CIP）数据

图说电视的历史与未来 ／ 左玉河，李书源主编 ． —— 长春：
吉林出版集团有限责任公司，2012.4〔2021.5重印〕
（中华青少年科学文化博览丛书 ／ 李营主编 ． 科学技术卷）

ISBN 978-7-5463-8870-0-03

Ⅰ．①图… Ⅱ．①左… ②李… Ⅲ．①电视接收机－青年读物
②电视接收机－少年读物 Ⅳ．① TN948.5-49

中国版本图书馆 CIP 数据核字（2012）第 053587 号

图说电视的历史与未来

作　　者／左玉河　李书源
责任编辑／张西琳　王　博
开　　本／710mm×1000 mm　1/16
印　　张／10
字　　数／150千字
版　　次／2012年4月第1版
印　　次／2021年5月第4次
出　　版／吉林出版集团股份有限公司（长春市福祉大路5788号龙腾国际A座）
发　　行／吉林音像出版社有限责任公司
地　　址／长春市福祉大路5788号龙腾国际A座13楼　　邮编：130117
印　　刷／三河市华晨印务有限公司
ISBN　978-7-5463-8870-0-03　　　　定价／39.80元